KB122570

미식가의 디테일

WHAT'S THE DIFFERENCE

What's the Difference?

미식가의 디테일

브렛 워쇼 지음 | 제효영 옮김

무엇이 다를까?

| 비슷비슷 헷갈리는 것들의 한 끗 차이 |

윌북

머리말

누구나 똑똑한 사람이 되고 싶어 한다. 가끔 『종의 기원』이나 플라톤의 『국가론』 같은 책을 억지로 읽는 것도 그런 이유에서다. 탄산수와 클럽소다, 잼과 젤리, 고구마와 참마처럼 평범하고 익숙한 것들의 소소한 차이점을 짤막하게 설명한 글도 같은 이유로 읽는 것 아닐까. 그렇게 지식을 좀 더 채우고 정보로 무장하면 세상이 조금은 더 재밌게 느껴진다.

나는 사람들이 느끼는 바로 그런 욕구를 채워주기 위해 2018년 2월부터 「뭐가 다를까?What's the Difference?」라는 제목으로 뉴스레터를 만들기 시작했다. 일주일에 한 번씩 헷갈리기 쉬운 것들의 차이점을 써 보자는 단순한 전제로 출발했다. 함께할 친구들을 모으고, 스프레드시트에 앞으로 다룰 주제를 정리하여 본격적으로 착수했다. 한 주 한 주가 지날수록 독자가 늘어나며 스프레드시트도 계속 채워졌다. 아이디어를 보내준 사람들 모두와 함께 뉴스레터를 만들게 되었다.

지금 여러분이 읽는 이 책에는 그렇게 모인 정보 중에서도 식음료와 관련된 최상의 정보가 담겨 있다. 오랜 시간 조사하고, 인터뷰하고, 또 열심히 먹으면서 만들어낸 성과다. 요리사든, 요리를 사랑하는 일반인이든, 매 끼니를 식사 대용 셰이크로 때우는 사람이든, 모두가 아주 흥미롭게 읽을 수 있을 것이다. 그리고 전에는 몰랐던 사실을 알게 되리라 장담한다. 이 책을 쓰면서 내가 그랬으니까.

차례

쌀 RICE

조리와 재료 COOKING & INGREDIENTS

과일과 채소 FRUITS & VEGETABLES

피클 PICKLES

제과 제빵 BAKING

설탕 SUGAR

초콜릿 CHOCOLATE

치즈와 유제품
CHEESE & DAIRY PRODUCTS

아이스크림과 냉동 디저트
ICE CREAM & FROZEN DESSERTS

레스토랑

RESTAURANT

셰프 vs 요리사

여러분 중에 요리계의 천재가 되기를 꿈꾸는 사람이 있을지도 모르겠다. 저녁마다 짜릿한 감각이 이끄는 대로 재료를 썰고, 자르고, 볶고, 구워서 아주 인상적인 음식을 만들어내며 창의적인 기량을 뽐내는 사람도 아마 있을 것이다. 그런 사람은 요리사일까, 셰프일까? 한번 살펴보자.

셰프chef는 기본적으로 음식점이나 호텔에서 주방을 운영하는 전문 요리사를 일컫는다. 요리 학교에서 배우든 음식점 주방에서 일하든 어느 정도 체계적인 훈련을 거쳐야 하며, 관리자 역할도 담당한다. 즉 훌륭한 음식을 만드는 동시에 주방을 책임지는 사람이다. 요리책 저술가이자 TV 방송인, 『가정의 여신이 되는 법How to Be a Domestic Goddess』 저자인 나이젤라 로슨은 잡지 《이터》에서 이렇게 밝혔다. "셰프는 공인된 자격이 있거나, 음식점 주방에서 경력을 쌓아 전문성을 갖춘 사람입니다. … 제가 취득한 자격이라곤 옥스퍼드 대학교에서 받은 중세 언어학과 현대 언어학 학위가 전부예요."

나이젤라는 **요리사**cook라고 할 수 있다. 요리사는 일반적으로 음식점 외에 다른 곳에서 음식을 만드는 모든 사람을 일컫는다. 전문적으로 요리를 하지 않는 사람도 포함되므로, '셰프'라는 표현을 쓸 때보다 아마추어의 느낌이 더해진다(음식의 실제 질에 관한 평가와는 무관한 기준이다. 요리를 집에서만 해왔더라도 번듯한 '셰프'보다 음식을 훨씬 더 잘 만드는 사람도 있다). 음식점에서는 명령 체계상 부주방장보다 아래에 있는 모든 직원을 요리사라고 한다. 즉 매일 저녁 주방에서 음식을 만들지만, 레시피를 개발하거나 주방을 관리하지는 않는 모든 구성원이 요리사에 포함된다.

여기까지 온 김에 음식점 주방이 어떤 서열로 구성되는지 파헤쳐 보자. 대부분의 주방은 100년도 더 전에 오귀스트 에스코피에라는 셰프가 고안한 몇 가지 버전의 '여단 편성' 방식으로 운영된다. 음식점 주방을 책임지는 '주방 계급 시스템brigade de cuisine'을 최상위 계급부터 소개한다.

셰프

총괄 셰프Executive Chef

주방의 먹이사슬에서 맨 꼭대기에 있는 사람. 전 직원을 감독하고, 메뉴를 만들고, 사업을 관리한다. 음식점에 따라 명목상으로만 존재할 수도 있고 실무에 참여할 수도 있다.

주방장Chef de Cuisine

주방 업무를 적극적으로 담당하는 사람. 규모가 작은 음식점에서는 총괄 셰프가 주방장을 겸한다. 규모가 큰 음식점, 특히 지점이 여러 곳인 음식점은 총괄 셰프가 매일 한 곳에만 나갈 수 없으므로 주방장이 총괄 셰프에게 업무를 보고한다.

부주방장Sous Chef

주방의 관리자. 창고를 관리하고, 운송장을 처리하고, 주방이 제때 모든 준비를 마치도록 관리하며, 완성된 요리가 홀에 나가기 전 점검하는 사람이다.

요리사

부문별 요리사Line Cook/Chef de Partie

주방의 각 부문, 또는 특정 영역을 담당하는 직원. 소스 담당(소시에), 육류 담당(로티쇠르), 생선 담당(푸아소니에), 채소와 수프 담당(앙트르 메티에), 샐러드처럼 차게 먹는 음식 담당(가드 망제) 요리사로 나뉜다. 페이스트리 요리사라는 뜻의 '파티시에'도 원래 이들 중 하나다.

보조 요리사Junior Cook/Commis

부문별 요리사를 돕는 직원. 보통 아직 훈련 단계이거나 요리 학교를 막 졸업한 신입 요리사가 맡는다.

실습생Stagiaire

일반적으로 학생이며, 주방의 '인턴'이라고 보면 된다. 감자 껍질을 벗기거나 양파를 써는 등 기본적인 재료를 다듬는다.

이 여단 체계에는 홀과 주방 사이에서 소통을 담당하는 '아브와이외르'와 주방 직원의 식사를 만드는 '코뮈나르', 설거지 담당자인 '플롱죄르'가 포함되기도 한다.

코스

앙트레 vs 주요리

'앙트레'는 '입구', '입장'이라는 뜻의 프랑스어다. 어쩌다 이 단어가 식사의 중심 요리를 가리키는 표현이 됐을까? 프랑스어를 다른 언어로 옮기다가 뭔가 빠진 건 아닐까? 괜히 그럴듯하고 멋있는 표현을 쓰려다가 망한 경우일까?

18세기 영국에서 일반적인 상류층이 즐기던 정찬은 기본 구성이 수프와 생선 요리, 구운 육류, 디저트이고 여기에 사이드 메뉴, 샐러드, 치즈가 함께 나오곤 했다. 당시에 기록된 정찬 매뉴얼을 보면 생선 요리와 구운 고기 요리 사이에 작은 접시가 추가로 나왔는데, '먹기 쉽고 식욕을 돋우되 배가 부르면 안 되는' 음식이 주로 담겼다. 식사의 전체 코스에서 가장 중심이 되는 요리가 나오기 전에 제공되는 바로 이 음식이 **앙트레**entrée로 불렸다.

시간이 가면서 저녁에 식사하는 방식이 달라지고 식탁은 점점 간소해졌다. 원래는 4~5가지 음식이 코스로 나오는 식사가 일상이던 시절은 지나갔다. 하지만 전채요리 다음에 나오는 요리를 계속해서 '앙트레'라 칭했고, 그 결과 고기 요리가 앙트레로 불리게 되었다. 메리엄 웹스터 사전의 편집 팀에 따르면, 지금은 '앙트레'가 **주요리**main course를 지칭하는 말로 자리를 잡았지만 처음 이 단어를 그런 의미로 쓰기 시작한 곳은 미국의 호텔과 레스토랑이었다. 분명 프랑스어인데도 개의치 않았던 건 '뭐든 프랑스어로 쓰면 고급스러워 보인다'고 생각했기 때문이리라.

그러므로 주요리가 '앙트레'로 불리게 된 건 뭔가 있어 보이려는 잘못된 시도의 결과라고 할 수 있다. 그래도 신나게 여러 코스로 즐기던 식사를 간편하게 축소하여 식생활에서 장식을 거둬낸 것은 식사 시간이 더욱 편안해진 좋은 변화였다. 사회 전체의 광범위한 변화가 반영된 결과로 볼 수 있다.

애피타이저 vs 오르되브르 vs 카나페

혹시 이번 주말에 멋진 칵테일파티를 열 생각인가? 샴페인을 홀짝거릴 때 절대 빠질 수 없는 카나페도 쟁반에 담아서 내놓고? 파티에서 한 손으로 집어먹는 음식에 이름을 잘못 붙이는 것만큼 그 귀중한 시간의 품격을 떨어뜨리는 일도 없다. 그러니 아래 설명을 집중해서 잘 읽어보기 바란다.

애피타이저appetizer는 코스 요리에서 주요리(17쪽 참고)가 나오기 전 입맛을 돋우기 위해 제공하는 모든 음식을 가리키는 가장 일반적인 용어다. 손으로 집어먹는 형태가 될 수도 있고 샐러드가 될 수도 있다. 볼에 담은 칩과 찍어 먹는 소스도 가능하다.

오르되브르hors d'oeuvre는 식전주(130쪽 참고)나 칵테일과 함께 딱 한 입 또는 두 입 정도에 먹을 수 있도록 내는 차거나 따뜻한 음식을 가리킨다. **크뤼디테**crudités(다양한 생 채소를 집어 먹기 좋은 크기로 썬 다음, 찍어 먹는 소스와 함께 큰 접시에 담아서 내는 요리—옮긴이), 작은 소시지 크루아상도 오르되브르다.

카나페canapé는 작은 빵 조각이나 크래커, 페이스트리 위에 치즈, 육류, 통조림 생선, 스프레드 등을 올린 오르되브르의 일종이다. 카나페라는 표현은 '소파'를 뜻하는 프랑스어 단어에서 유래했는데, 아마도 빵이나 크래커가 그 위에 올리는 재료의 소파 같은 역할을 한다는 의미가 아닐까 한다. 또는 소파에 쿠션을 잔뜩 깔고 반쯤 누워서 먹는 것이 카나페를 가장 맛있게 즐기는 방법이라는 의미일까? 어느 쪽인지는 여러분 각자의 선택에 맡기겠다.

파티에서 오르되브르는 얼마나 준비해야 할까?

마사 스튜어트의 책 『엔터테이닝』에는 이러한 내용이 나온다. "의자 없이 서서 즐기는 칵테일파티에서는 8가지 오르되브르를 손님 1명당 종류별로 3개씩 먹을 수 있을 만큼 준비하라. 다소 양이 푸짐하다면 1인당 1~2개를 제공해도 되지만, 재료에 새우나 캐비아가 사용된 값비싼 오르되브르는 미식을 향한 모두의 열정을 자극하므로 각자에게 돌아가는 양을 넉넉히 마련하는 것이 좋다." 나도 마사의 의견에 전적으로 동감한다!

호스트 vs 지배인 vs 캡틴

어느 금요일 밤, 여러분이 지금처럼 이 책을 읽는 대신에 시내로 나가 현재 사는 도시에서 가장 인기가 많은 음식점을 방문했다고 해보자. 누가 예약을 받았나? 도착했을 때 문 앞에서 여러분을 맞이하고, 겉옷을 받아들고, 예약한 테이블이 준비되는 동안 잠시 목을 축일 수 있도록 샴페인 잔을 건네는(혹은 한 잔 달라는 요청에 차분히 안 된다고 대답한) 사람은 누구인가?

문 앞에서 여러분에게 "어서 오세요"라고 인사를 건네고 코트를 받아드는 사람이 대체로 그 업소의 **호스트**host다. 예약을 받는 음식점, 그래서 굉장히 인기가 많은 것 같은 인상을 풍기지만 실제로는 그렇지 않을지도 모르는 곳이라면 예약 전화를 받는 사람이 문 앞에서 인사하는 사람과 동일인일 가능성이 높다. 예약한 테이블이 마침내 준비되면 자리까지 안내도 맡는다.

지배인maitre d'은 영어에서는 프랑스어 '메트르 도텔maitre d'hotel'을 줄인 표현인 '메이터 디'로 불리며, 호스트보다 맡은 일이 많다. 좌석 전체를 살펴보고, VIP 고객이 잘 대접받는지 확인하고, 음식점에 들어오고 나가는 손님의 흐름을 관리한다. 대기 시간이 왜 이렇게 기냐고 손님이 짜증을 내거나 식사를 다 마치고 자리에서 계산까지 마친 다음에도 너무 오래 꾸물거리면, 지배인이 나타나서 상황을 처리하곤 한다. 전체 직원 구성에 따라 지배인을 홀 매니저보다 두 배 많이 채용해서 음식점 전체 업무를 총괄하도록 하는 곳도 있다.

음식점에서 **캡틴**captain의 시선은 전체적인 손님의 흐름보다는 자리에 앉아 식사 중인 사람들에게 집중된다. 곳곳에 배치된 테이블을 그룹으로 나눠 그곳에 앉은 손님을 살펴보고, 주문을 받는 직원과 음식을 테이블로 나르는 직원, 빈 그릇을 치우는 직원, 그 외에 홀에서 근무하는 모든 직원을 총감독한다. 또한 음식이 나오는 시간도 관리한다. 주문한 음식이 한참 기다려도 나오지 않을 때 불러서 문의해야 하는 사람이 바로 캡틴이다. 하지만 최근에는 캡틴이 없는 음식점이 많고 주로 격식을 차려서 방문하는, 옛날 방식의 레스토랑에서 볼 수 있다. 그러므로 뉴욕의 퍼 세Per Se나 르 베르나르댕Le Bernardin 같은 음식점이 아닌 이상 캡틴 대신 서빙 직원이 그 역할을 모두 담당한다. 팁을 더 두둑하게 건네도 아깝지 않을 이유가 될지도 모르겠다.

요리와 식사

FOODS & MEALS

크루도 vs 카르파초 vs 타르타르 vs 생선회 vs 세비체 vs 티라디토

크루도crudo는 이탈리아어 그리고 스페인어로 '날것'이라는 뜻이다. 보통 어패류와 육류를 가열하지 않고, 올리브유나 감귤류 과일의 즙, 식초가 기본 재료로 들어가는 소스 등으로 양념한 음식을 가리킨다. 이 '크루도'라는 표현에 음식의 크기나 형태, 또는 생 재료를 얇게 자르는 방법과 같은 기준은 없다. 따라서 생 재료를 쓰고 드레싱을 곁들인 모든 음식을 넓게 포괄하는 표현으로 쓰인다.

카르파초carpaccio는 크루도의 한 종류로, 얇게 썰거나 얇은 조각이 되도록 두드린 생 재료로 만든다. 생선이 주로 사용되지만 육류로도 만들고 심지어 채소 카르파초도 있다(물론 샐러드를 '생으로 먹는다'니 무슨 뚱딴지같은 소리냐는 반응이 나올 수밖에 없겠지만). 크루도에 해당하는 다른 음식과 마찬가지로 카르파초 역시 소스를 끼얹거나 살짝 뿌려서 먹는다. 보통 올리브유와 레몬이 함께 들어가고 몇 가지 고명을 올리기도 한다.

타르타르tartare도 크루도의 한 종류다. 생고기 또는 생 해산물을 잘게 썰어 소스나 드레싱, 다른 양념을 더해서 먹는다. 카르파초처럼 생 재료를 어떤 형태로 써는지가 중요한데, 잘게 다지거나 깍둑썰기를 한다.

생선회sashimi는 날것 그대로 먹는 음식이지만 크루도에 포함되지 않는다. 날생선의 살을 조심스레 얇게 떠서 양념이나 소스, 고명을 거의 더하지 않고 그냥 먹는다. 생선회는 소스나 양념보다 재료로 쓰이는 생선의 품질, 회를 뜨는 요리사의 기술이 중요하다. 뾰족한 도구로 물고기 뇌를 찌르는 '이케지메'라는 기술이 전통 방식이다. 이렇게 하면 물고기가 즉사하므로, 일반적으로 죽기 직전 몸속에서 분비되는 코르티솔, 아드레날린, 그 밖에 스트레스 관련 화학물질의 분비를 막을 수 있어 회의 맛과 식감이 더 오래 보존된다.

엄밀히 따지면 날 음식이 아니지만 크루도의 사촌쯤 되는 요리 하나를 소개한다. 바로 **세비체**ceviche다. 세비체는 생 해산물을 감귤류의 즙에 절여서 만든다. 이렇게 절이면 식감이 익힌 것과 비슷하게 바뀐다. 차이가 있다면 들어가는 산성 재료의 양이 크루도나 타르타르보다 약 8배는 더 많고, 속까지 침투해서 식감이 바뀔 때까지 더 오랜 시간 절인다는 점이다. 남미로 가면 어디에서나 볼 수 있으며 지역마다 재료와 고명에 큰 차이가 있다. 예를 들어 콜롬비아나 멕시코에서는 페루와는 다른 세비체를 맛볼 수 있다.

티라디토tiradito는 지금까지 설명한 음식을 전부 다 섞어놓은 듯한 음식이다. 날생선이 주재료이고, (카르파초나 생선회처럼) 아주 얇게 썰어서 산성 재료가 들어간 양념에 절여둔다(이건 세비체와 같다). 단, 세비체는 보통 그보다 오랫동안 절여서 먹지만 티라디토는 딱 20분 정도만 절인다. 19세기 이후 페루로 건너온 일본인 이민자 니케이가 발전시킨 일본풍 페루 요리라고 볼 수 있다. 문화권마다 음식을 생으로 맛있게 먹는 방법이 다양하고, 전통이 서로 만나서 이렇게 멋진 결과물이 나오기도 한다.

만두 vs 군만두 vs 완탕 vs 교자

반죽한 피에 고기, 야채, 생선, 해산물은 물론 사실상 어떤 재료로든 상관없이 속을 채워서 감싼 음식을 **만두**dumpling라고 한다. 네팔 음식인 모모momo, 러시아의 펠메니pelmeni, 폴란드의 피에로기pierogi, 아프가니스탄의 만투mantu 모두 만두에 해당한다.

군만두, 완탕, 교자도 전부 만두다. **군만두**potsticker는 중국 북부에서 밀반죽으로 만든 자오쯔라는 만두의 한 종류로 보통 '찌면서 굽는' 방식으로 익힌다. 즉 바닥이 노릇한 갈색이 될 때까지 팬에 올려 굽다가 물을 약간 넣고 뚜껑을 덮어 증기로 찐 후에, 뚜껑을 다시 열어서 수분이 다 날아가고 만두 한쪽이 바삭하게 익을 때까지 더 굽는다. 중국에서는 이렇게 구운 만두를 궈톄라고 하며 물만두는 수이자오, 찐만두는 쩡자오라고 한다.

완탕wonton도 중국식 만두의 한 종류로, 피가 일반 만두보다 얇고 대부분 국물과 함께 먹는다. 시중에 판매되는 만두피를 살펴보면 완당용 피는 정사각형이고 일반 만두피는 원형이다.

교자gyoza는 일본식 군만두를 가리킨다. 중국의 궈톄보다 길쭉하고 가는 편이며 만두피가 얇고 속 재료도 더 잘게 다져서 사용한다. 크기가 궈톄보다 작아서, 서너 입까지 베어 먹을 것도 없이 보통 두 입이면 다 먹을 수 있다.

만찬 vs 저녁 식사

요즘에는 둘 다 하루 중 제일 마지막에 먹는 식사를 일컫지만 늘 그랬던 건 아니다. 영어에서 만찬(정찬)을 뜻하는 단어 'dinner(디너)'가 저녁에 먹는 식사를 가리키게 된 것은 얼마 되지 않았다.

메리엄 웹스터 사전에 따르면, **'만찬dinner'**이라는 표현은 '식사를 하다'라는 뜻의 앵글로 프랑스어 'disner'에서 유래했다. 이 단어는 하루 식사 중에서 제대로 차려 먹는 식사를 가리킬 때 쓰였고, 실제로 1700년대와 1800년대에는 점심이 그러했다. 영어에서 저녁 식사를 뜻하는 단어 **'supper(서퍼)'**는 저녁에 가볍게 먹는 식사를 의미했고, 주로 하루 종일 불 위에 올려놓고 끓인 수프를 먹었다(앵글로 프랑스어에서 수프를 뜻하는 명사 'supe'가 어원으로 추정된다).

미국 공영라디오NPR 방송에서 역사학자 헬렌 조 베이트가 설명한 것처럼, 산업화 이후 사람들이 집에서 낮에 한 상 거하게 차려 먹는 일은 대부분 사라졌다. 그래서 저녁에 먹는 식사가 하루의 주된 끼니가 되자 '저녁 식사'는 쫓겨나고 그 자리를 '만찬'이 대신하게 되었다. 영어에서 점심 식사를 가리키는 '런치lunch'는 중세 영어에서 정오를 뜻하는 단어 'non'과 음료를 뜻하는 단어 'schench'가 합쳐진 'nonshench'에서 유래한 듯하다. 일을 하다가 정오쯤 간단히 먹는 식사를 뜻하는 새로운 표현이 생긴 것이다.

점심시간에 집으로 가서 식탁에 둘러앉아 고상한 식사를 하는 대신 지금 우리처럼 컴퓨터 앞에 앉아서 점심으로 샐러드를 우적우적 씹어 먹게 되기까지, 어떤 변화가 있었는지 이제 여러분도 잘 이해했을 것이다.

시리얼

비르허 뮈슬리 vs 뮈슬리 vs 오버나이트 오트밀

유럽의 호텔, 또는 유럽 호텔인 척하는 호텔에서 아침 식사를 해본 사람은 아마 비르허 뮈슬리를 접한 적이 있을 것이다. 그리고 2010년대 초에 유행했던 건강 정보 블로그를 뻔질나게 드나들었거나, 인스타그램에 건강 관련 게시물을 올리는 사람들, 열정적이고, 화려하고, 눈으로 보고도 믿기지 않을 만큼 조각 같은 몸매를 가진 그런 사람들의 게시물을 열심히 본 적이 있다면, 오버나이트 오트밀이 낯설지 않을 것이다. 이름만으로는 굉장히 다른 음식 같지만 실제로는 별로 다르지 않을 뿐만 아니라… 그냥 똑같아 보인다? 비르허 뮈슬리나 오버나이트 오트밀이나 둘 다 죽처럼 보이는 푹 젖은 뭔가를 그릇에 담아 놓고 건강에 좋다는, 전혀 와닿지 않는 미사여구를 붙인 것 같은데?

어쩌면 그 첫인상에 핵심이 다 담겼는지도 모른다. **비르허 뮈슬리** bircher muesli는 19세기 말에 가까워질 무렵 스위스의 영양학자 막시밀리안 비르허 베너가 처음 개발했다. 젊은 시절 황달을 앓다가 나은 것이 사과 덕분이라고 굳게 믿은 베너 박사는 과일과 채소에 푹 빠져, 당시의 일반적인 생각과는 크게 다른 입장을 고수했다. 비르허 뮈슬리는 박사가 취리히에서 운영하던 요양원의 환자들이 생과일을 더 많이 먹을 수 있도록 고안된 음식이었다. 원조 비르허 뮈슬리는 생 귀리 1큰술에 물 3큰술을 넣어 12시간 동안 불린 다음 가당 연유 1큰술, 레몬즙 1큰술, 잘게 간 사과 1~2개, 곱게 빻은 헤이즐넛이나 아몬드 1큰술을 넣어서 만들었다. 하지만 요즘에는 액체(물, 우유, 크림, 주스 등)에 불린 귀리에다 우유나 크림, 요구르트 등 다른 유제품을 추가하고 잘게 썬 사과, 견과류, 말린 과일이나 생과일을 넣은 다음, 여기에 꿀, 황설탕, 레몬즙, 바닐라 등 감미료와 향신료를 첨가한 아침 식사 메뉴를 전부 '비르허 뮈슬리'라고 부르기도 한다.

세월이 흐르는 동안 '비르허'라는 수식어가 없는 그냥 **뮈슬리muesli**도 생겼다. 푹 젖은 축축함에서 벗어나 생 곡류나 구운 곡류(주로 귀리가 사용되지만 기장, 보리, 호밀 등이 쓰일 때도 있다), 말린 과일, 견과류, 맥아, 겨가 들어간 건조 혼합물이 뮈슬리로 불린다. 일반적으로 뮈슬리는 우유, 요구르트, 과일주스와 함께 먹지만, 이렇게 함께 먹는 액체는 뮈슬리의 정의에 포함되지 않는다.

그렇다면 이건 그냥··· **그래놀라granola** 아닌가? 그렇지는 않다. 그래놀라는 대부분 곡류와 과일에 식용 유지와 함께 꿀, 메이플 시럽, 설탕 같은 감미료를 넣고 구워서 만든다. 그래서 뮈슬리보다 더 달고 바삭바삭하다.

오버나이트 오트밀overnight oats은 비르허 뮈슬리와 같이 모든 재료가 푹 젖어 있다. 일단 액체에 불린 귀리가 들어간다. 보통 우유로 불리지만 우유 대신 다른 액체가 사용될 때도 많다. 그리고 견과류나 견과류 버터, 요구르트, 말린 과일이나 생과일, 꿀, 바닐라 등 비르허 뮈슬리에 들어가는 재료가 똑같이 들어간다. 치아 씨(치아시드)가 첨가되기도 하는데, 베너 박사가 살던 시대에 치아 씨가 있었다면 원조 발명가인 그도 분명 넣었을 것이다. 요약하면, 오버나이트 오트밀은 비르허 뮈슬리에 이름만 다르게 붙인 음식이며 차이가 있다면 잘게 간 사과를 넣지 않는 점, 그리고 요양원에서만 제공되는 음식이 아니라는 점이다. 뭐라고 부르든 아주 맛있는 아침 메뉴다.

비스크 vs 차우더

진하고 재료가 풍성한 수프인 **비스크**bisque는 보통 잘게 으깬 해산물에 우유나 크림을 넣어 만든다. 비스크의 핵심은 전체적으로 균질하게 부드러워야 한다는 점이다. 한 그릇 전체에 덩어리가 전혀 없는 것이 특징이며, 고명을 올려 색다른 식감을 내는 경우가 많다.

차우더chowder는 비스크의 거칠고 신랄한 사촌과도 같은 수프다. 해산물이나 채소가 덩어리째 듬뿍 들어가며 되직한 편이다. 차우더에도 비스크처럼 우유나 크림이 많이 사용된다. 단, 맨해튼 클램 차우더는 이 기준에 어긋나는 유명한 예외다. 차우더라는 명칭은 어부들이 직접 잡은 해산물로 스튜를 끓일 때 쓰던 큰 솥을 일컫는 프랑스어 '쇼디에르chaudiere'에서 유래했다.

아레파 vs 푸푸사 vs 고르디타

콜롬비아와 베네수엘라의 고유한 음식인 **아레파**arepa는 멕시코의 토르티야, 프랑스의 빵처럼 아침·점심·저녁은 물론 그 사이 아무때나 먹는 주식이다. 정통 방식으로는 말린 옥수수를 물에 불린 다음 필론이라는 큰 절구에 빻아서 만들지만, 요즘에는 대부분 '마사레파'라는 이름으로 판매되는 아레파 가루로 만든다. 옥수수 가루를 익혀서 수분을 제거한 것을 아레파 가루라고 하며, 이 가루에 물과 소금을 넣고 버터나 갈린 치즈를 첨가하기도 한다. 반죽은 둥글게 빚어서 굽거나 그릴에 올려 직화로 구워도 되고 찌거나 튀겨도 된다. 완성된 아레파는 중간에 칼집을 내어 콩·치즈·고기·달걀·채소·해산물 등으로 속을 채운 다음, 위에도 다른 재료를 올려서 먹는다. 속을 채우지 않고 버터와 소금만 곁들여서 간단히 먹기도 한다.

콜롬비아와 베네수엘라에서 북쪽으로 한참 떨어진 엘살바도르로 가면 **푸푸사**pupusa를 볼 수 있다. 두툼한 옥수수빵에 치즈와 돼지고기를 잘게 분쇄해서 만든 '치차론'과 삶아서 튀긴 콩, 그리고 로로코라는 꽃을 끼워서 만든다. 푸푸사는 아레파와 달리 '마사 아리나'라는 인스턴트 가루masa로 만든다. 따뜻한 물과 섞기만 하면 바로 반죽이 된다. 또한 푸푸사는 속 재료를 다 채운 다음 '코알'이라고 하는 평평한 철판에 올려서 익히므로, 완성된 음식이 훨씬 깔끔하고 재료가 밖으로 거의 튀어나오지 않는다. 속에 넣은 치즈가 녹아서 테두리를 따라 살짝 삐져나오는 정도가 전부다. 완성된 푸푸사는 채 썬 양배추를 살짝 발효시킨 '쿠르티도', 붉은 토마토 살사와 함께 낸다.

세계 옥수수빵 여행의 종착지는 **고르디타**gordita의 나라 멕시코다. 스페인어로 '통통하다'라는 뜻의 고르디타는 일반 옥수수나 말린 옥수수를 갈아서 두툼한 옥수수 토르티야와 비슷한 모양으로, 두께는 6~13밀리미터로 만든다. 반죽을 튀기거나 철판에 구워서, 또는 두 가지 방법을 적절히 혼용해서 익힌 다음 속에 삶아 튀긴 콩, 치즈, 삶은 돼지고기, 초리조 소시지, 달걀 또는 분쇄한 소고기에 감자를 섞어 만드는 '피카디요'를 채워서 먹는다. 고르디타는 토르티야보다 빵이 단단하므로 소스가 듬뿍 들어간 스튜를 넣어 먹기에 좋고, 흘릴 염려 없이 간편하게 들고 다니면서 먹을 수 있다.

롤

춘권 vs 에그롤 vs 월남쌈

중국 음식인 **춘권(스프링롤)spring roll**은 밀가루에 물을 섞어 반죽한 아주 얇은 피를 사용한다. 그래서 튀기면 아주 바삭바삭해진다. 보통 돼지고기, 새우, 콩나물, 양배추 등을 섞어서 속을 채우고 식초가 들어간 소스(상하이식)나 자두 소스, 새콤달콤한 소스, 또는 우스터소스가 기본 재료로 들어간 찍어 먹는 소스(광둥식)를 곁들인다. 《시카고 트리뷴》에 따르면 중국에서는 새해를 맞이하며 춘권을 만들어서 금괴처럼 층층이 쌓아 진열했다고 한다. 음력으로는 새해가 봄의 시작을 의미하므로 '춘권'이라는 이름이 붙여졌다.

춘권은 튀겨낸 롤의 중국 버전이며 아시아 전역에는 이와 비슷한 음식이 아주 많다. 메뉴판에 적힌 이름은 '스프링롤'이 아니더라도 여러 특징이 일치한다. 라이스페이퍼로 만드는 베트남의 짜조, 당면과 콩나물과 목이버섯이 속 재료로 들어가는 태국의 뽀삐아 톳, 다른 춘권보다 얇고 길쭉한 필리핀의 룸피아 상하이, 새우와 닭고기가 속에 들어가는 인도네시아의 룸피아 스마랑 모두 그러한 음식이다.

에그롤egg roll은 미국에서 만들어진, 춘권의 다른 버전이다. 앤드루 코의 저서 『촙 수이: 미국의 중국 음식 문화사』에는 1930년대 뉴욕에서 '룸 퐁'이라는 요리사가 처음 에그롤을 발명했다고 한다. 가장 두드러지는 차이는, 튀긴 후에 표면이 매끄러운 춘권과 달리 에그롤은 롤 반죽에 달걀이 추가되어 표면이 울퉁불퉁하고 오돌토돌하다는 점이다. 일반적으로 에그롤에는 양배추와 구운 돼지고기가 속 재료로 들어가고 잘게 다진 죽순이나 마름을 넣기도 한다. 덕(오리) 소스로 불리는 오렌지색 소스나 새콤달콤한 소스, 간장(101쪽 참고), 매운 겨자(97쪽 참고)를 곁들여서 낸다.

베트남 음식인 **월남쌈(서머롤)**summer roll은 춘권이나 에그롤과 달리 튀기지 않으며 생 재료로 만들어진다. 그래서 '샐러드 롤'로도 불린다[메뉴에 '생(신선한) 춘권'이라고 적은 식당도 있다]. 월남쌈은 라이스페이퍼에 얇은 국수와 당근, 상추, 오이와 더불어 민트, 고수, 타이바질 같은 허브를 넣고 새우나 돼지고기를 채워서 만든다. 보통 찍어 먹는 땅콩 소스나 해선장, 스리라차와 함께 낸다.

피자

칼초네 vs 스트롬볼리

세상에는 아주 상징적인 부모자식 관계들이 있다. 성모 마리아와 예수 그리스도가 그렇고, 미국에서는 드라마 〈길모어 걸스〉의 로렐라이 길모어와 로리 길모어도 그렇다. 〈맘마미아〉에 나오는 엄마와 딸도 마찬가지다. 여기에 하나를 더 추가한다. 바로 피자 엄마와 다 큰 성인 아들인 **칼초네**calzone, **스트롬볼리**stromboli다.

물론 두 아들은 엄마를 쏙 빼닮아서 기본적으로 피자 도dough와 치즈, 소스가 들어가고, 마치 속에 엄마가 들어와서 사는 것처럼 안쪽에 피자 토핑이 있다. 하지만 성향은 상당히 다르다. 어떻게 다른지 구체적으로 살펴보자.

밀봉 방식

칼초네는 반으로 접어서 가장자리에 (만두처럼) 주름을 잡아 붙인다. 스트롬볼리는 (부리토처럼) 돌돌 말아서 마지막에 반죽을 덧발라 고정한다.

형태

칼초네는 반달 모양이며, 스트롬볼리는 길쭉하고 모서리가 둥근 직사각형이다.

조리법

스트롬볼리는 구워서 익히고 칼초네는 굽거나 튀긴다.

1인분의 양

칼초네는 보통 하나가 1~2인분이다. 스트롬볼리는 여러 명이 나눠 먹는다.

원산지

칼초네는 이탈리아 나폴리에서 피자보다 수월하게 들고 다니도록 만든 음식이다. 스트롬볼리는 미국 필라델피아 남부에서 처음 등장했다. 로베르토 로셀리니 감독이 만들고 잉그리드 버그먼이 출연한 1950년 개봉작 〈스트롬볼리〉에서 이름을 따왔거나, 1932년부터 거의 계속 분출이 일어나 지구상에서 가장 활동이 많은 활화산으로 꼽히는 이탈리아의 스트롬볼리산에서 이름을 따온 것으로 보인다.

속 재료

칼초네와 스트롬볼리 모두 치즈, 고기, 채소 등 다양한 재료로 속을 채운다. 칼초네는 보통 리코타 치즈를 사용하고 스트롬볼리는 대부분 모차렐라 치즈를 넣는다.

소스

칼초네를 열어보면 소스가 거의 없다. 대신 찍어 먹는 소스가 따로 제공된다. 스트롬볼리는 주로 속에 소스를 함께 넣어서 만들지만, 칼초네처럼 따로 담아 제공하기도 한다.

식감

바삭바삭 vs 오도독

다들 감자칩이나 도리토스, 그 밖에 뭐든 짭짤하고 탄수화물이 잔뜩 들어 있는 큼직한 과자 봉지를 안고서 소파에 드러누워본 적이 있을 것이다. 얼굴만 내놓고 눈물 젖은 눈으로 멍하니 천장을 바라보거나 TV, 컴퓨터 화면만 응시하면서 인생이란 뭘까 생각하거나, 헤어진 연인을 떠올리거나, 아무 생각 없이 시간을 보내본 경험이 누구에게나 있으리라.

그런데 열심히 과자를 씹다가 문득 이런 생각을 해본 적 있는가? 지금 내가 먹고 있는 이 음식은 바삭하다고 해야 할까, 오도독 씹힌다고 해야 할까? 내 턱이 가하는 기계적인 힘과 그 힘에 과자가 부서지는 소리는 바삭바삭에 가까울까, 오도독오도독이 더 알맞을까?

『국제 식품특성 저널』에 실린 「바삭바삭한 식감과 오도독한 식감에 관한 비평적 평가: 검토 연구」라는 제목의 학술논문에는 **바삭바삭한**crispy 음식이 다음과 같이 정의되어 있다.

> 건조하고 단단하여 앞니로 씹었을 때 금방, 쉽게, 전체적으로 부서지면서 비교적 크고 높은 소리가 나는 음식.

이 논문에서 **오도독한**crunchy 음식은 이렇게 정의한다.

밀도가 높고 어금니로 씹어 여러 차례에 걸쳐 부서지면서 비교적 크고 낮은 소리가 나는 음식.

비과학적으로 정리해보면, 앞니 4개로 씹어 먹는 음식은 바삭바삭한 음식이고 어금니로 씹어 먹는 음식은 식감이 오도독한 음식이라고 할 수 있다. 바삭한 음식은 쉽게 부서지지만, 오도독한 음식은 대체로 턱을 좀 더 열심히 움직여야 한다. 또 바삭한 음식을 씹을 때 나는 소리가 오도독한 음식을 씹는 소리보다 음이 더 높다. 바삭바삭 소리가 플루트라면 오도독오도독 부서지는 소리는 바순이다.

그럼 실생활에 적용해보자. 감자칩은? 바삭바삭한 음식. 얼음은? 오도독 씹히는 음식. 소다크래커는? 바삭한 음식. 사워도로 만드는 딱딱한 프레첼은? 오도독한 음식. 그럼 셀러리는? 둘 다. 한 입 깔끔하게 베어 문 다음에 입속에서 여러 번 씹어야 하니까.

맛있게 씹는 소리가 만들어내는 교향곡을 즐겨보자!

감자튀김

해시브라운 vs 홈 프라이

해시브라운hash brown은 감자를 삶거나, 찌거나, 전자레인지에 넣고 돌리는 등 어떤 식으로든 미리 살짝 익힌 다음에 다른 재료를 추가해서 반죽으로 만들고, 이것을 기름에 튀겨 바삭하고 노릇하게 익힌, 가장자리가 삐죽삐죽한 케이크·패티·네모 모양의 음식이다. 이렇게 반듯한 형태로 만들기도 하고 아무렇게나 만들기도 하며, 꼭 메두사 머리처럼 헝클어진 모양이거나 깔끔한 형태로 만들기도 한다. 중요한 건 가늘게 간 감자 조각이 한 덩어리를 이룬다는 점이다.

홈 프라이home fries는 감자를 잘게 자르거나, 얇게 썰거나, 정육면체로 작게 잘라서 튀긴 음식을 일컫는다. 보통 미리 한 번 익힌 다음에 튀기는데, 그래야 속은 보슬보슬하면서 겉은 바삭한 특유의 식감을 얻을 수 있기 때문이다. 얇게 썬 양파와 피망을 함께 튀기기도 한다. 홈 프라이의 핵심은 감자를 반달 모양으로 썰든 깍둑썰기를 하든 한 덩어리로 뭉치지 않고 각 조각이 분리되어야 한다는 것이다.

감자튀김에 관한 몇 가지 재미있는 정보

- 미국의 체인 레스토랑 '와플 하우스'에서는 분당 238개의 해시브라운이 테이블로 나간다.
- 『메뉴 미스틱』이라는 책에 따르면, 1598년에 스위스에서 '뢰스티'의 레시피가 처음 발견됐다. 뢰스티는 얇게 간 감자를 기름에 부친

음식으로, 해시브라운의 전신으로 여겨진다.

- 미국에 '프렌치프라이'라는 표현이 처음 등장한 때는 1802년이다. 당시 대통령이던 토머스 제퍼슨이 백악관 주방장에게 만찬에 "프랑스 스타일로 요리한 감자"를 준비하라며 지시했다고 전해진다(이때 "생감자를 작게 잘라서 기름에 튀겨달라"라고 설명했다고 한다).
- 맥도날드는 1977년 아침 식사 메뉴에 처음 해시브라운을 도입했을 때 다음과 같이 광고했다. "해시브라운: 모양은 웃겨도 맛은 끝내줘요." 그 '웃긴 모양'이 이제는 해시브라운의 상징이 되었다. 기가 막히게 맛있는 그 둥글납작한 튀김을 한 번도 안 먹어본 사람이 과연 있을까? 먹으면서 참 놀라운 음식이라며 감탄하지 않은 사람은? 맥도날드에 바라는 개선 사항이 이것저것 많겠지만, 해시브라운의 인기는 영원할 것이다.

돼지고기와 기타 육류

PORK & MEATS

돼지 종류

돼지Pig vs 돼지Swine vs 수퇘지 vs 거세한 수퇘지

베이컨에 돌돌 만 소시지가 들어간 핫도그, 스미스필드 햄, 그리고 셀 수 없이 많은 바비큐(54쪽 참고) 요리의 나라 미국은 돼지의 명칭도 돼지pig or swine, 수퇘지boar, 거세한 수퇘지hog, 암퇘지sow 등 다양하다. 농장이나 숲에 사는 동물을 가리키기도 하고 메뉴판이나 요리 이름에도 들어가는 이러한 명칭에는 어떤 차이가 있을까?

이름은 다양하지만 모두 9000년 전 콜럼버스와 함께 아메리카 대륙에 유입되어 가축화된 멧돼지(학명 *Sus scrofa*)에 속한다. 이 가운데 '**돼지swine**'는 가장 넓은 의미의 명칭으로 가축, 야생 돼지, 밖을 돌아다니는 종류, 덩치가 큰 것과 작은 것, 수컷, 암컷을 전부 포괄한다.

미국에서 '**돼지pig**'는 가축화된 어린 돼지 중 몸무게가 82킬로그램 이하인 동물을 지칭하는 표현이다. 몸집이 이보다 크고 거세한 돼지를 '**호그hog**'라고 한다. **보어boar**는 거세하지 않은 수퇘지, **소sow**는 다 자란 암컷 돼지를 가리킨다.

멧돼지과에 속한 동물이 전부 가축화된 것은 아니다. 미국과 캐나다에는 야생 돼지 또는 밖을 돌아다니는 돼지 수백만 마리가 서식한다. '밖을 돌아다니는feral' 돼지란 가축으로 사육되다가 탈출한 동물을 가리키고 '야생' 돼지는 한 번도 길들여진 적이 없는 동물을 의미한다. (미국에는 1930년대에 사냥을 목적으로 텍사스로 들여와 방사된 순수 혈통의 유라시아 야생 수퇘지가 지금까지 남아 있다. 이때 방사된 돼지는 밖을 돌아다니는 돼지와 만나 번식해왔다.)

밖을 돌아다니는 돼지나 야생 돼지는 가축으로 길러지는 돼지보다 날씬하고 피부가 더 두꺼우며 털이 뻣뻣하다. 두개골은 더 작고 폭이 좁으며 코의 형태도 뚜렷하다. 이에 반해 가축으로 키우는 돼지는 두개골이 둥글다. 또한 가축 돼지는 태어나자마자 엄니를 자르는데, 야생 돼지나 밖을 돌아다니는 돼지는 길고 둥근 엄니가 있어서 무기로 쓰거나 먹을 것을 뒤지는 도구로 활용한다. 몸 색깔과 털의 무늬는 제각각 다양하지만, 피부색이 어두울수록 야생 환경에서 살아남을 가능성이 높고 그만큼 자손에 유전자가 전달될 가능성도 높다. 수퇘지는 짝짓기를 할 나이가 되면 어깨 주변 근육이 '방패'처럼 발달한다. 이 근육은 점점 단단해지고 두꺼워져서 싸울 때 스스로를 지키는 용도로 쓰인다.

밖을 돌아다니는 돼지에 관한 몇 가지 재미있는 정보

- 이 돼지는 미국에서 가장 파괴적인 침입종으로 여겨진다. 번식 속도가 빠르고 자연에 천적이 없으며 거의 뭐든지 먹을 수 있다.
- 미국의 최소 39개 주, 캐나다 4개 주에서 발견된다. 텍사스에서 매년 이러한 돼지로 인한 피해 금액만 최소 4억 달러에 달한다.
- 엄니는 돼지의 이빨이며 계속 갈면 엄청나게 날카로워진다.
- 대부분 '돼지 떼sounder'를 이룬다. 돼지 떼는 다 자란 암퇘지 2~3마리와 새끼 돼지들로 구성되며, 적게는 4마리부터 많게는 50마리씩 함께 다닌다. 수퇘지는 대부분 혼자 생활하거나 덜 자란 수컷끼리 무리를 지으며, 짝짓기를 할 때만 돼지 떼와 어울린다.

등갈비 vs 갈비 vs 쪽갈비

돼지갈비를 손으로 들고 열심히 뜯어 먹을 때 돼지를 떠올리는 사람은 거의 없다. 우리 눈앞의 접시에 담긴 등갈비 혹은 갈비는 알 수 없는 어딘가에서 도축과 분해가 완료된 후 그릴에 굽거나, 훈연하거나, 바비큐로 익혀서 소스를 바른 '요리'라고 생각하리라.

이제 현실을 직시하자. 돼지는 동물이고, 몸에 갈비뼈가 있다. 그리고 돼지의 그 갈비뼈를 수평으로 나누면 등갈비와 갈비로 나뉜다.

갈비뼈 중에서도 등심 아래쪽, 등뼈와 연결된 부분을 **등갈비**baby back ribs라고 한다. 등뼈에 맞닿은 곳은 둥글게 구부러져 있다. 영어에서 등갈비에 '베이비'라는 단어가 들어가는 이유는 갈비보다 길이가 짧기 때문이다. 가장 긴 것이 15센티미터 정도이고 끝으로 갈수록 점점 짧아져서 8센티미터에 그친다. 도축 방식에 따라 윗부분에 등심이 1~2센티미터쯤 붙기도 한다. 등갈비는 갈비보다 고기가 연하고 기름기가 적다. 가격도 대체로 더 비싸다. 등갈비 한 짝은 무게가 약 900그램이지만 절반은 뼈 무게다. 배고픈 성인 한 사람이 다 먹을 수 있는 양이다.

갈비spareribs는 등갈비가 끝나는 부분부터 가슴뼈까지다. 등뼈와 가까운 쪽은 뼈가 드러나 있고 가슴뼈와 가까운 갈비 끝부분에는 자잘한 뼈와 연골에 살이 붙어 있다(이 끝부분을 잘라낸 갈비는 '**세인트루이스 립**'으로 불린다). 갈비는 등갈비보다 뼈와 뼈 사이에 살이 많지만

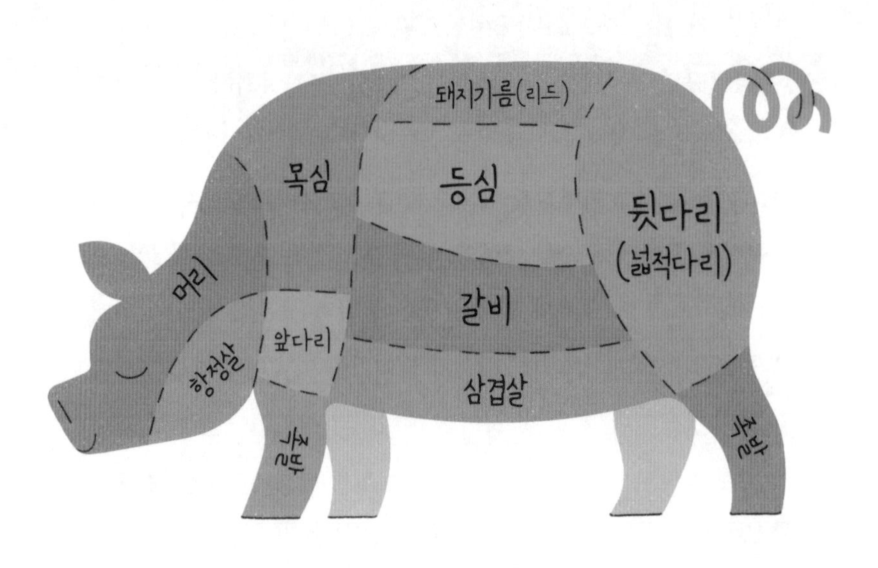
돼지기름(리드)
목심
등심
뒷다리
(넓적다리)
머리
갈비
앞다리
항정살
삼겹살
족발
족발

뼈 윗부분의 살은 더 적고, 여기에 붙은 살은 대체로 지방이 고르게 퍼져 맛이 더 좋다. 또한 갈비뼈는 등갈비뼈보다 곧고 더 길며 평평하다. 한 짝의 무게는 1~1.6킬로그램으로 그중 절반은 뼈와 연골이다. 보통 성인 두 사람이 먹을 수 있는 분량이다.

그럼 **쪽갈비**riblets는 뭘까? 원래는 5~10센티미터 길이로 자른 갈비를 쪽갈비라고 한다. 미국의 애플비스Applebee's 레스토랑에서 '쪽갈비'라고 판매하는 메뉴는 사실 갈비가 아니라 '버튼 립', 즉 갈비가 끝나는 맨 뒷부분부터 이어지는 길고 얇은 부위를 가리킨다. 길이는 약 15센티미터, 너비는 4센티미터이고 두께는 6밀리미터다. 갈비뼈는 당연히 없으며 와작와작 씹어 먹는 둥근 뼛조각('버튼')이 있다.

고기 분할

목심 vs 목전지 vs 앞다리

도축을 하고 나면 먼저 동물 전체를 대분할육으로 나눈다. 즉 각 부위를 큼직하고 무거운 덩어리로 자른 다음 소비자의 편의를 고려해서 더 작게 세분한다. 미국에서 **목심**pork shoulder은 등심, 삼겹살, 뒷다리와 함께 이러한 대분할육 중 하나다(우리나라는 돼지고기를 7개 부위로 대분할한다. 각각 안심, 등심, 목심, 앞다리, 뒷다리, 삼겹살, 갈비다—옮긴이). 요리 재료에 목심이 포함된다면 9킬로그램이 넘는 어깨 부위를 다 쓴다는 의미가 아니라, 이 부위의 두 가지 주요 분할육인 **앞다리** 또는 **목전지**를 의미할 가능성이 높다.

목전지pork butt or boston butt는 돼지 앞다리 위쪽, 목과 머리 바로 뒤쪽을 가리킨다.* 직사각형으로 분리되며 많이 움직이지 않는 부위라 지방이 골고루 잘 퍼져 있어서 앞다리보다 고기가 연하다. 정육 방식에 따라 뼈가 붙은 채로 판매되기도 하며 대체로 지방층까지 함께 팔린다.

앞다리picnic shoulder는 돼지 앞다리에서 목전지보다 아래에 있는 부

---

* 돼지고기를 미국은 4개 부위로, 우리나라는 7개 부위로 대분할하는 데서 알 수 있듯이 우리나라가 돼지의 각 부위를 더 세분해서 사용한다. 목전지는 목살과 전지(앞다리)가 분리되지 않은 부위로, 우리나라에서는 이 두 부위를 통째로 판매하지 않는다. 따라서 목전지라는 명칭도 수입육에만 쓰인다—옮긴이.

위다. 움직임이 많으므로 목전지보다 질기며 근육 사이사이 지방과 마블링이 적다. 전체적으로 두께가 균일한 사각형이 아니라 끝이 좁아지는 삼각형이다. 대부분 껍데기가 붙은 상태로 판매된다.

목전지와 앞다리 모두 스튜나 찜, 훈제 등 장시간 익히는 요리에 적합하다. 균일한 조각으로 잘라서 써야 하는 요리에는 모양이 잘 잡힌 분할육인 목심을 쓰는 것이 좋다. 다른 재료와 구분하여 식감에 확실한 차이를 주고 싶을 때는 앞다리를 써보자. 껍데기가 붙은 앞다리를 구입해서 잘 요리하면 바삭한 식감을 낼 수 있다.

바비큐 vs 그릴

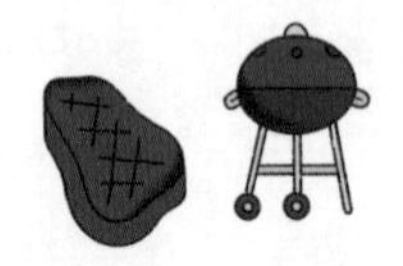

무엇이 우리를 인간으로 만드는가? 어떤 과학자들은 요리도 인간다운 행동 중 하나라고 이야기한다. 특히 불을 이용해 날음식을 익혀 먹기 시작하면서, 최초의 현대인으로 여겨지는 사람 종인 호모 에렉투스가 비슷한 체구의 다른 영장류 동물과 달라졌다고 한다. 불에 익히자 음식에 갇혀 있던 영양소가 방출되고 먹기도 수월해졌다. 그리하여 식량을 찾아다니는 시간이 줄고 고기를 열심히 씹는 시간도 줄어들어, 그 모든 시간에 다른 일을 할 수 있게 되었다. 음식을 익혀 먹은 후 인간의 뇌 크기는 60만 년에 걸쳐 두 배로 커졌다.

인류의 조상이 버거 패티나 핫도그를 만들어 먹은 건 아니지만, 어쨌든 **바비큐**barbecue라고 부를 수 있는 조리법을 활용했다. "바비큐와 다른 조리법의 궁극적인 차이는 연기다." 바비큐 전문가이자 요리책 저술가인 미트헤드 골드윈의 설명이다. "전 세계적으로 바비큐의 형태는 다양하지만 모두 연기가 난다는 공통점이 있다."

그릴에 굽기grilling도 바비큐의 한 종류다. 석탄이나 다른 연료로 불을 피워서 불길이 한 방향으로 일어나는 열에 음식을 바로 익히는 방식이다. 열은 불과 닿는 음식으로 전도된다. 그릴에 닭다리를 올리면 지글지글 익기 시작하는 것도 바로 이 현상 때문이다. 이때 음식의 표면 온도는 섭씨 260~430도에 이른다. 그릴로 구우면 그만큼 음식이 단시간에 익고, 겉이 어느 정도 탄다. 그러므로 두툼한 스테이크나 부위별로 손질한 닭고기, 햄버거 패티, 돼지 등심처럼 크기가 작고 연한 고기나 해산물, 채소, 과일을 익히기에 적합하다.

미국에서 보통 '바비큐'에 알맞다고 여겨지는 소 양지, 갈비, 돼지 목전지는 어떤 조리법이 적합할까? (미국과 우리나라의 식육 분할 방식은 다르고, 따라서 분할된 각 부위를 가리키는 명칭도 다르다. 여기서 이야기하는 미국의 양지는 소의 양지머리와 차돌박이, 앞다리 부위가 합쳐진 것이며 목전지는 돼지의 목살과 앞다리 부위가 합쳐진 것을 가리킨다—옮긴이.) 이러한 재료는 **미국 남부식 바비큐**로 요리한다. 그릴에 굽는 것과는 크게 다른 남부식 바비큐는 극히 뜨거운 열로 재료를 단시간에 익히지 않고, 낮은 온도에서 천천히 익힌다. 석탄과 불길은 재료의 측면이나 멀리 아래쪽에 두고, 바비큐 장치에서 그릴이 있는 쪽은 뚜껑을 닫아둔다. 내부에서 열이 대류하여 음식에 전달되고, 열과 연기가 같은 공간을 순환하며 가열 중인 음식 주변에서 서로 섞인다. 미국 남부식 바비큐는 보통 90~140도로 음식을 가열하므로 다 익으려면 시간이 훨씬 오래 걸린다. 그래서 소 양지, 갈비, 돼지 목심(52쪽 참고)을 굽거나 동물을 통째로 굽는 등 크기가 크고 질긴 고기에 주로 사용되는 조리법이다. 이렇게 익히면 연결 조직이 충분히 분해되어 잘 익은 바비큐 고기 특유의 환상적인 맛을 선사한다. 사람들이 밤을 새서라도(때로는 길게 줄을 서서) 고기가 다 익기만을 하염없이 기다리게 만드는, 그런 맛이다.

영어에서는 바비큐의 철자가 아주 복잡하다. barbecue, barbeque, BBQ라고 쓰이기도 하지만 B-B-Que, Bar-B-Q, Bar-B-Que, Bar-B-

Cue 등 아주 다양한 철자로 쓰인다. 원래 바비큐라는 표현은 카리브 제도에 살던 타이노족이 쓰던 표현에서 비롯된 스페인어 '바르바코아barbacoa'에서 유래했다. 언어학자와 역사학자들이 대체로 동의하는 올바른 철자는 'barbecue'다.

캔자스시티 vs 노스캐롤라이나 vs 사우스캐롤라이나 vs 텍사스 vs 앨라배마 vs 켄터키

요즘에는 바비큐 소스를 그저 슈퍼마켓에 가면 케첩 옆에 진열된 다른 소스쯤으로 생각하거나, 왠지 색다른 맛을 느끼고 싶을 때 치킨 너깃을 찍어 먹는 소스라고 여겨도 다들 이해한다. 하지만 미국 여러 지역을 다녀보면, 바비큐 소스에 지역 특색이 담겼으며 각 지역의 역사, 그곳에서 살아온 사람들과도 깊이 연결되어 있다는 사실을 깨닫게 된다. 같은 바비큐 소스라도 뿌려서 먹는 노르스름한 소스가 있는가 하면, 거의 투명한 액상에 빨간 고추 조각이 꽃가루처럼 떠다니는 형태도 있고, 검붉거나 크림처럼 하얀 소스도 있다. 미국 남부 지역의 7가지 독특한 바비큐 소스를 살펴보자.

캔자스시티 바비큐 소스Kansas City Barbecue Sauce

미국인이 생각하는 대표적인 바비큐 소스의 특징이 모두 나타난다. 되직하고 붉은색이며 매콤하면서도 달콤하고 케첩 맛이 많이 난다. 바비큐 전문가인 미트헤드 골드윈은 캔자스시티 바비큐 소스에서 느껴지는 복합적인 맛은 단맛(토마토 페이스트나 케첩, 황설탕, 당밀, 꿀)과 신맛(레몬즙, 식초, 스테이크 소스), 매운맛(고추 분말, 흑후추, 겨자, 핫소스)을 내는 재료가 다양하게 쓰이고 마늘, 양파, 우스터소스, 커민, 소금도 들어가기 때문이라고 설명한다. '바비큐' 향을 더하기 위해 액상 훈제 향료가 첨가된 제품도 많다. 이 지역의 유명한 요리인 돼지갈비 구이와 미트로프(다진 고기에 채소 등 다른 재료를 섞어서 한 덩어리로 구운 음식—옮긴이)에 특히 잘 어울린다.

이스트캐롤라이나 몹 소스East Carolina Mop Sauce

저지대로 알려진 노스캐롤라이나와 사우스캐롤라이나에서 볼 수 있는 소스로, 맨 처음 바비큐 요리를 시작한 사람들이 개발했다. 아메리카 대륙으로 와서 정착한 스코틀랜드인 그리고 그들과 함께 온 아프리카 노예가 그 주인공으로, 식초, 흑후추, 붉은 고춧가루를 섞은 소스를 고기와 함께 먹던 것이 시작이었다. '몹'으로 불리던 이 혼합 소스는 고기를 익히는 동안 그 위에 끼얹고 다 익은 고기를 먹을 때도 곁들였다. 캔자스시티 소스처럼 고기 위에다 보기 좋게 바르는 용도가 아니라, 속까지 잘 스며들도록 만들어졌다. 식초와 고추가 속까지 깊이 스미면 이 지역 특산물인 통돼지 바비큐처럼 기름기가 많은 음식의 맛이 기가 막히게 좋아지는 마법 같은 소스다.

렉싱턴 딥Lexington Dip

렉싱턴 딥은 노스캐롤라이나주 렉싱턴에서 탄생했다. 이스트캐롤라이나 몹 소스와 비슷하지만, 케첩이나 토마토 페이스트가 조금 들어가서 더 달콤하다. 골드윈은 돼지고기나 닭고기, 칠면조 고기와 잘 어울린다고 전했다.

사우스캐롤라이나 머스터드소스South Carolina Mustard Sauce

사우스캐롤라이나로 온 독일 이민자들은 돼지고기와 머스터드의 궁합이 환상적이라는 사실을 잘 알고 있었다. 그래서 바비큐에도 그 지혜를 활용했다. 그 결과 노란 머스터드소스(97쪽 참고)에 식초·설탕·향신료를 섞은, 쨍하면서도 살짝 매콤한 소스가 완성됐다. 돼지고기라면 어떤 부위든 다 잘 어울린다.

텍사스 몹 소스Texas Mop Sauce

식초, 칠리 파우더, 커민, 핫소스, 양파에 케첩을 살짝 더한 묽은 소스다. 바비큐 전문가들은 고기에 이 소스를 발라서 굽고, 다 구워진 고기를 먹을 때도 곁들인다. 텍사스 지역의 소스는 소고기 육즙이나 고기의 기름 부위를 잘라 넣는 경우가 많아서 병에 담아 보관할 수 없다. 골드윈은 텍사스주 라노의 유명 바비큐 음식점인 쿠퍼스에서 쓰는 바비큐 소스를 '소고기 육즙을 넣고 끓인 묽은 토마토 수프' 같다고 묘사했다. 소갈비, 양지머리 등 이 지역의 정통 소고기 바비큐 요리와 말할 것도 없이 찰떡궁합이다.

앨라배마 화이트 소스Alabama White Sauce

앨라배마주에 가면 어디에서나 하얀 바비큐 소스를 볼 수 있다. 마요네즈와 식초에 마늘 분말, 겨자 분말 등 다양한 양념이 들어간 이 소스는 1925년 디케이터시에 음식점 '빅 밥 깁슨의 바-비큐'를 열고 바비큐 요리를 팔기 시작한 밥 깁슨이 처음 개발했다. 기름기가 많아서 돼지고기와는 별로 안 어울리지만 닭고기, 칠면조 요리에 곁들이면 기가 막힌다.

켄터키 블랙 바비큐 소스Kentucky Black Barbecue Sauce

가장 정체를 알 수 없는 이 시커먼 바비큐 소스는 켄터키주 서부 오인즈버러의 인근 음식점에서만 볼 수 있다. 백식초와 우스터소스가 재료로 들어가는 이 소스는 이 지역 특선 요리인 훈제 양갈비(66쪽 참고)에 사용된다. 요리사들은 고기에 발라서 굽는 소스로, 음식에 곁들이는 소스로 모두 활용한다. 하지만 골드윈은 우리가 잘 아는 그런 새콤달콤한 맛과는 아주 거리가 머니, 소스만 찍어서 먹어보고 싶어도 참으라고 권한다.

베이컨 vs 판체타 vs 구안찰레

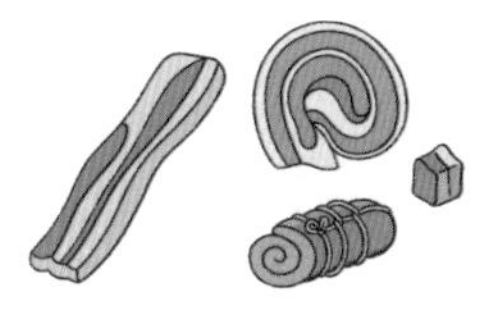

베이컨과 판체타는 둘 다 돼지 삼겹살로 만들지만 만드는 방법과 보존 방식이 다르다.

베이컨bacon은 삼겹살을 건식으로 절이거나 소금물에 습식으로 절인 다음(228쪽 참고) 저온 훈연해서 만든다. 완성되면 길이대로 얇게 잘라서 먹는다(이름 그대로 통째 먹는 통 베이컨은 제외). 판체타나 구안찰레보다 짠맛이 약하다.

판체타pancetta는 삼겹살에 소금, 후추, 경우에 따라 다른 향신료도 함께 넣고 절여서 만든다. 훈연하지는 않는다. 고기를 통나무 모양으로 둥글게 꽁꽁 말아서 만드는 아롤라타와, 삼겹살을 사각형 덩어리로 만드는 테사, 두 가지로 나뉜다. 덩어리째로 두지 않고 조각으로 잘라 판매하기도 한다. 판체타가 재료로 쓰이는 음식은 대부분 베이컨으로 대체할 수 있지만, 베이컨 특유의 훈제 향을 없앤 다음에 사용해야 할 것이다.

구안찰레guanciale도 절인 돼지고기지만 삼겹살이 아닌 항정살로 만든다. 고기를 소금과 후추로 문지른 다음 때때로 다른 양념을 추가해서 최소 3개월간 숙성하면, 베이컨이나 판체타보다 기름기가 많고 음식의 풍미를 크게 더하는 식재료가 된다. 구안찰레는 이탈리아

정통 파스타 중에서도 아마트리치아나(토마토, 양파, 붉은 고춧가루로 만드는 파스타)와 카르보나라(달걀이나 달걀노른자, 흑후추, 페코리노 치즈로 만드는 파스타), 그리치아(흑후추와 페코리노 치즈만 들어가는 파스타)에 들어가는 재료로 가장 잘 알려져 있다.

개방형 축사란 vs 방사란 vs 방목란 vs 지역산 달걀 vs 채식주의 식단으로 키운 닭의 알 vs 무호르몬란

뒷마당에 닭장이 있거나 매일 농장에서 닭이 갓 낳은 달걀을 구입할 만한 경제적인 여유가 있지 않다면, 슈퍼마켓 달걀 진열대 앞에서 고민해본 적이 있을 것이다. 그리고 대부분 그 진열대 앞에서 각종 미사여구와 광고 문구의 폭격을 받았으리라. 개방형 축사에서 자란 닭의 알! 무호르몬란! 방사란! 지역산 달걀! 이런 문구가 줄줄이 붙어 있다. 이게 다 무슨 뜻인지, 어떻게 해야 효율적으로 달걀을 고를 수 있는지 지금부터 살펴보자.

미국 농무부가 만든 **개방형 축사**cage-free라는 문구가 표시된 달걀은 닭장에 갇혀 지내지 않은 암탉이 낳았다는 뜻이다. 구체적으로는 '달걀 생산 기간에 닭이 건물, 방안, 또는 범위가 한정된 공간을 자유롭게 돌아다니고 먹이와 신선한 물을 제한 없이 먹을 수 있지만 밖으로 나갈 수는 없는' 환경에서 생산된 달걀이라는 의미다. 일반적인 닭장은 가로 22센티미터, 세로 28센티미터로 종이 한 장 크기니 그것보다는 생활환경이 더 나아 보이지만 단점도 있다. 레이첼 콩은 저서 『달걀의 모든 것』에서, 닭장보다 개방형 축사에서 암탉 간에 싸움이 더 빈번하게 일어나며 공기의 질도 더 나쁘다고 밝혔다.

역시나 농무부가 만든 표현인 **방사란**free-range은 야외에 어느 정도 접근할 수 있는 암탉이 낳은 달걀이다. 그렇다고 실제로 닭이 야외에 나갈 수 있다는 뜻이 아니라, 울타리를 치고 그물로 막아 놓은 굉장히 협소한 야외 공간에 그치는 경우가 많다.

방목란pasture-raised은 농무부가 만든 표현이 아니다. 달걀 상자에 이 표현과 함께 '인도적 사육 인증' 이나 '동물복지 인증'이라는 문구가 함께 적혀 있다면, 닭이 지내는 축사와 야외 공간을 기준으로 한 마리당 10제곱미터 이상의 공간이 제공됐다는 의미다. 이 정도면 대규모 달걀 생산업체가 주장하는 시골 농장의 풍경과 상당히 흡사하다. '이아이아오' 멜로디가 귀에 익은 〈맥도널드 아저씨의 농장〉 동요가 울려 퍼질 법한 환경이다. 이런 곳에서 자란 닭의 알을 찾는다면, 이 문구가 적힌 제품을 고르면 된다.

미국에서 이야기하는 **지역산**local 달걀은 가공 시설과의 거리가 약 640킬로미터 이내, 또는 시설과 같은 주에 위치한 농장에서 생산된 달걀이라는 의미다. **유기농**organic은 유기농 먹이만 제공된 닭이 낳은 달걀이다. 닭 한 마리당 드나들 수 있는 야외 공간의 규모에 관한 기준은 없고 의무 사항도 아니지만, 유기농 달걀은 최소한 방사란 기준을 충족하는 제품이 많다.

달걀 라벨에서 **채식주의 식단으로 키운 닭**vegetarian-fed이라는 문구를 발견했다면, 우선 닭은 잡식성이라는 점부터 알아야 한다. 원래 닭은 곤충과 벌레, 유충, 그 외에 꾸물꾸물 기어다니는 것을 좋아한다. 하지만 대량생산 방식에서는 이러한 특성이 전혀 고려되지 않을 뿐만 아니라, 가금류 털을 가공해서 만드는 우모분이나 닭 배설물 같은 동물 부산물이 먹이로 제공된다. 따라서 사육 환경에 따라서는 채식주의 식단으로 키우는 것이 그나마 나을 수도 있다.

무호르몬hormone-free은 닭에게 호르몬을 투여하지 않았다는 의미인

데 사실 내세울 만한 장점은 아니다. 미국에서는 식품의약국이 호르몬과 스테로이드 사용을 이미 금지했기 때문이다. 항상제도 마찬가지로 극히 일부 닭에게만 투여되며 그러한 닭은 반드시 '식용을 제외한 다른 용도로 전환'되어 사용되므로 **무항생제** 역시 만만치 않게 웃긴 홍보 문구다.

이 모든 정보를 종합해서 어떤 달걀을 사야 할까? 제3의 기관이나 업체에서 **인도적 사육 인증**이나 **동물복지 인증**을 받은 제품이 좋다. 미국에서 괜찮은 브랜드를 소개하자면, 바이털 팜스, 올리버스 오가닉, 해피 에그, 피트 앤드 게리스 제품이 좋은 평가를 받으며, 세이프웨이 개방형 축사란과 코스트코에서 판매하는 커클랜드 유기농 달걀도 괜찮다.

양고기 vs 새끼 양의 고기

대체 누가 양(학명 *Ovis aries*)에 헷갈리는 이름을 줄줄이 붙였을까? 먼저 이 동물에 붙여진 여러 가지 이름을 정리해보자.

새끼 양(램lamb): 생후 1년 미만인 양, 또는 그 양의 고기.
숫양ram: 수컷 양.
암양ewe: 암컷 양.
어린 양(호깃hogget): 영국에서 생후 1~2년 된 숫양이나 암양의 고기를 지칭하는 표현.
다 자란 양(머튼mutton): 미국에서는 생후 1년이 넘은 숫양이나 암양의 고기를 가리키며, 영국에서는 생후 2년이 넘은 숫양이나 암양의 고기를 가리키는 말로 쓰인다.

그러므로 식재료로 양고기를 언급할 때는 **새끼 양, 어린 양, 다 자란 양**이라고 한다. 미국에서는 다양한 연령(생후 1~12개월), 다양한 무게(9~45킬로그램)의 양에서 얻은 고기가 판매된다. 태어난 지 6~10주인 양에서 얻은 고기는 '새끼 양baby lamb'의 고기, 생후 5~6개월인 양은 '어린 양spring lamb'의 고기로 불리기도 한다.

양의 나이가 많을수록 고기가 더 질기고 붉은빛이 강하게 돈다. 지방 함량도 더 많아져서 희끄무레한 분홍빛이 돌던 연한 고기가 단단해지고 흰색이 더 진해진다. 양고기 특유의 풍미도 더 강해지고 사냥한 고기에서 느껴지는 냄새가 짙어진다. 따라서 미국에서 다 자란 양은 취향이 극명히 엇갈리는 음식이다. 프랑스와 카리브해 지역, 아프리카 일부, 중동, 중국 일부, 호주, 뉴질랜드에서는 양고기가 널리 애용되는 반면, 영국에서는 제2차 세계대전 이후 인기가 시들해졌다. 찰스 왕세자는 양고기를 "내가 좋아하는 음식"이라고 밝힌 적이 있는데 그것이 '어린 양(호깃)'을 의미한다면, 나는 개인적으로 다 자란 양이 더 주목받기를 응원한다.

치킨가스 vs 치킨 핑거 vs 치킨 텐더 vs 치킨 너깃

아아, 뼈도 껍질도 모두 제거된 닭 가슴살에서도 얼마나 놀라운 맛이 날 수 있는지. 순수하게 단단한 살코기만 남은 닭 가슴살은 고기 자체에 특별한 맛이 나지 않는다. 그저 '아, 이게 다들 익히 아는 닭고기구나' 정도만 인지할 수 있을 뿐 아무것도 그려지지 않은 하얀 캔버스와도 같아서, 얇게 자르고, 잘게 썰고, 으깨서 각종 양념을 묻혀 먹기에 더없이 안성맞춤이다. 많은 아이들처럼 여러분도 치킨가스와 치킨 핑거, 치킨 텐더, 치킨 너깃이 각각 뭔지는 아주 잘 알 것이라 생각한다. 하지만 얼마나 잘 아는가? 빵가루를 입혀 튀겨낸 이 여러 종류의 음식을 보며 입맛을 다시고 열심히 먹어 치울 줄은 알아도, 그 음식이 정확히 뭔지 알고 있는가?

가장 간단한 메뉴부터 살펴보자. **치킨가스**chicken cutlet는 뼈와 껍질이 없는 닭 가슴살을 수평으로 얇게 저며서 만드는 커틀릿의 일종이다. 보통 이렇게 저민 다음에 고기를 두드려서 더 얇게 만든다.

치킨 핑거chicken finger는 닭 가슴살을 세로로 길게 잘라서 만든다('치킨 스트립'이라고 적힌 제품은 다름 아닌 치킨 핑거다). **치킨 텐더**chicken tender는 이와 달리 소흉근, 즉 닭의 가슴 바로 아래를 지나는 작은 근육으로 만든다. '안심'으로도 불리는 부위다.

더 전문적으로 들어가면, 치킨 핑거는 가슴살로 만들어도 되고 안

심으로 만들어도 된다. 그래서 치킨 텐더는 치킨 핑거가 될 수 있지만, 치킨 핑거가 전부 치킨 텐더는 아니다.

마지막으로 **치킨 너깃**chicken nugget이 남았다. 앞서 살펴본 메뉴가 순수 닭고기로 만들어지는 것과 달리 치킨 너깃은 닭고기를 잘게 다지거나 가공한 후 너깃 모양으로 재성형한 결과물이다. 이때 사용되는 고기는 가슴살로 한정되지 않으며 닭의 어느 부위건 포함될 수 있다. 그렇다, 여러분이 맥도날드에서 먹는 '맥너겟'은 바로 이런 음식이다. 먹을 때 먹더라도 이런 사실은 알고 먹어라.

소고기 요리

파스트라미 vs 콘드비프

여러분 중에는 **파스트라미**pastrami와 **콘드비프**corned beef가 다른 음식이라는 사실쯤은 알고, 둘 중에 특별히 한쪽을 더 선호하는 사람도 있을 것이다(무엇을 좋아하든 뭐라고 할 생각은 없다). 하지만 이 두 가지가 정확히 어떻게 다르고 왜 그중에 하나가 더 좋은지 딱 꼬집어서 설명할 수 있는 사람은 별로 없다. 두 음식의 몇 가지 중요한 차이점을 살펴보자.

원산지

파스트라미의 원산지는 로마(파스트라미가 등장하기 전에, 돼지고기나 양고기로 만드는 '파스트라마pastrama'라는 음식이 있었다) 또는 터키(소고기로 만든 '파스트르마pastirma'라는 음식이 먼저 있었다고 전해진다) 중 한 곳으로 추정된다. 콘드비프는 아일랜드가 원산지다. 성 패트릭의 날(아일랜드의 수호성인을 기리는 날—옮긴이)에 콘드비프를 먹는 것도 이런 이유에서다.

고기 부위

오늘날에는 둘 다 소고기로 만들지만 사용되는 부위는 다르다. 콘드비프는 소의 가슴 아래쪽 양지머리로 만들고 파스트라미는 기름기가 적고 넓적하면서 단단한 어깨살인 갈비덧살(꽃등심 중에서도 가장 윗부분의 가장 맛있는 부위를 가리킨다. 새우살, 꽃살로도 불린다—옮긴이)이나 갈비 바로 아래쪽의 더 작고 육즙이 많은 양지 부위로 만든다. 요즘에는 양지머리로 파스트라미를 만들기도 한다.

염장 방법

파스트라미와 콘드비프는 모두 소금물에 절여두었다가 익힌 음식이다. 소금과 향신료가 포함된 물을 고기에 문지르거나 그 물에 고기를 담가서 촉촉하면서도 풍미가 가득해지도록 만든다. 소금, 설탕, 흑후추, 정향, 고수, 월계수 잎, 주니퍼 베리, 딜과 함께 질산나트륨 또는 아질산나트륨을 보존료로 첨가한 혼합물이 사용되는 것도 동일하다.

향신료

파스트라미와 콘드비프가 나뉘는 지점이다. 파스트라미는 염장 후 흑후추, 고수, 겨자씨, 회향 씨가 포함된 혼합 향신료를 겉에 입히며 생마늘을 함께 첨가하기도 한다. 그래서 고기가 거무스름한 빛을 띤다. 콘드비프는 이런 과정을 거치지 않는다.

조리 방법

파스트라미는 단단한 나무를 태워서 훈연한다. 이때 고기의 수분을 유지하기 위해 팬에 물을 담아서 근처에 함께 둔다. 훈연이 완료되면 일단 식히고 먹기 전에 증기로 찐다. 콘드비프는 끓여서 익힌다.

양배추나 다른 재료를 함께 넣어 끓이기도 한다.

보너스 정보

혹시 몬트리올에 가본 적이 있는 사람은 그곳에서 본 '훈제 고기'가 어떻게 다른지 궁금할 것이다. 캐나다의 특산물 중 하나인 훈제 고기는 콘드비프, 파스트라미와 같은 종류지만 여러 가지 고유한 특징이 있다. 우선 캐나다의 훈제 고기는 양지머리로 만들고 흑후추, 고수, 마늘, 겨자씨가 들어간 소금물에 염장하지만, 설탕이 파스트라미나 콘드비프보다 훨씬 적게 들어간다. 이렇게 염장한 다음 파스트라미와 같은 방식으로 훈연한다. 위의 두 음식도 마찬가지지만 호밀빵에 올려서 머스터드(서양 겨자)와 함께 먹으면 최상의 맛을 느낄 수 있다.

해산물

SEAFOOD

청게 vs 대짜은행게 vs 활게 vs 돌게 vs 대게 vs 킹크랩

우리가 사는 이 행성에는 4500종이 넘는 게가 살고 있다. 가까운 해변에 가면 어쩌다 자갈이 뒤집혔을 때 툭 튀어나와 잽싸게 달아나는 작은 동전만 한 게부터, 베링해에 나타나는 게처럼 양쪽 집게발 사이 간격이 1.5미터에 달할 정도로 거대한 괴물 같은 종류까지 다양하다. 턱받이를 걸친 채 신나게 먹고 마시는 사람들의 난폭한 손에 붙들려 껍질이 깨지고 살이 분리되는 서글픈 운명에 처하는 게는 이 가운데 몇 가지에 불과하다. 그럼 우리가 밥상에서 만나는 게는 어떤 종류인지 살펴보자.

청게blue crab는 멕시코만과 북미 대서양 해안에서 발견되는 중간 크기의 게로 특히 체서피크만에서 많이 잡힌다. (학명 칼리넥테스 사피두스*Callinectes sapidus*의 뜻도 아주 멋지다. 칼리넥테스는 '훌륭한 수영 솜씨'라는 뜻이고 사피두스는 '맛있다'라는 뜻이다.) 몸통은 회색이고 집게발을 비롯한 다리는 밝은 청색을 띤다. 새하얀 살은 연하고 달콤하며 다리보다는 몸통에 살이 몰려 있다. 미국 메릴랜드로 여름휴가를 온 사람들이 나무망치를 들고 열심히 공격하는, '올드 베이Old Bay'라는 양념이 듬뿍 뿌려진 게가 바로 이 청게다. 사방이 육지인 미국 중서부 지역 스테이크 음식점에서 내놓는 크랩 케이크도 청게로 만들 가능성이 높다. 또 한 가지 주목할 만한 사실은 미국에서 4월부터 7월까지 판매되는 **껍질이 연한 게**soft-shell crab 역시 이 청게라는 점이다. 겨울을 나고 두꺼운 껍질을 벗자마자, 새로운 껍질이 생기기 전에 잡아들인 게가 이런 이름으로 판매된다.

대짜은행게dungeness crab(학명 *Cancer magister*)가 발견되는 곳은 멕시코부터 미국 서해안 전체, 캐나다까지다. 무게는 작게는 450그램부터 많게는 1.8킬로그램에 이르고, 부채 같은 모양의 몸통은 지름이 최대 25센티미터까지 자란다. 몸통, 다리, 집게발에 달고 연하며 불그스름한 살이 가득하다.

황게Jonah crab(학명 *Cancer borealis*)는 미국 동부 해안 멀리 사우스캐롤라이나부터 캐나다 노바스코샤에서 발견된다. 몸통은 18센티미터 정도지만 집게발에 살이 많다. 다리가 잘려도 새로 자란다는 유리한 특징이 있어서 이를 활용하는 어부들도 있다. 황게를 통째로 잡으면 개체군이 줄어드는 문제가 생기므로 다리 하나만 떼어내고 바다로 돌려보내는 것이다.

돌게stone crab(학명 *Menippe mercenaria*)는 적갈색을 띠는 소프트볼만 한 게로, 카리브해의 따뜻한 물에 서식하며 대서양 연안을 따라 노스캐롤라이나 지역까지 발견된다. 황게처럼 다리가 새로 자라는 특징이 있다. 어부들이 커다란 집게발만 떼어내고 바다로 돌려보내면 1년 내로 더 큰 집게발이 새로 자란다. 살이 껍질에 달라붙어 있으므로 잡으면 바로 익혀야 한다. 주로 냉동 상태로 판매되는 것도 이런 이유 때문이다.

이제 덩치가 큰 녀석들을 살펴볼 차례다. 막대기처럼 긴 다리가 눈에 띄는 **대게**snow crab는 알래스카부터 시베리아, 그린란드, 뉴펀들랜드까지 태평양 북서부와 대서양 북서부에서 발견된다. 다리를 포함한 전체 길이가 거의 90센티미터에 이르는 개체도 있다. 살은 흰색에 분홍빛이 살짝 돈다. **킹크랩**king crab은 무게가 최대 11킬로그램에 이를 수 있어서 좀 무섭기까지 하다. 알래스카 인근 태평양 북쪽과 일본에서 발견되며 살은 색이 새하얗고 테두리가 불그스름하다. 양쪽 다리의 전체 폭이 1.5미터까지 자라기도 한다. 식탁에서 이 거대한 집게발을 쥐면 정말로 왕족이 된 듯한 기분이 들 것이다.

큰 대합 vs 중간 대합 vs 톱넥 vs 새끼 대합 vs 다랑조개 vs 맛조개

식용 대합조개는 150가지가 넘는다. 인류는 수천 년 전부터 이러한 조개를 맛있게 먹어치웠다. 전 세계 해안 지역마다 고대인들이 먹고 버린 조개껍질이 무더기로 쌓여 패총이 형성되었다는 사실로도 충분히 알 수 있다. 역사적으로 얼마나 성대한 해산물 파티가 벌어졌는지 보여주는 증거다.

세계에서 판매되는 대합조개를 다 살펴보려면 책 한 권을 통째로 써야 하므로, 여기서는 가장 흔하게 접할 수 있는 종류를 소개한다.

큰 대합Chowder Clam, 중간 대합Cherrystone Clam, 톱넥Topneck, 새끼 대합Littleneck Clam

큰 대합, 중간 대합, 새끼 대합 모두 '껍질이 딱딱한 조개hard-shell clam' 또는 '둥근 조개quahog'로도 불리는 돌비늘백합(학명 *Mercenaria mercenaria*)에 속한다. 아메리카 원주민들은 이 대합조개의 껍질을 화폐로 사용했다. 학명에 포함된 '메르체나리아'는 '돈을 받고 일하다'라는 뜻이다. 미국 대서양 연안 지역은 대합조개가 꽉 잡았다고 볼 수 있다.

역사가 가장 깊고 크기도 가장 큼직한 큰 대합은 자란 지 8년쯤 됐을 때 수확한다. 사방이 7.6센티미터 이상이며 한 개 무게가 140그램

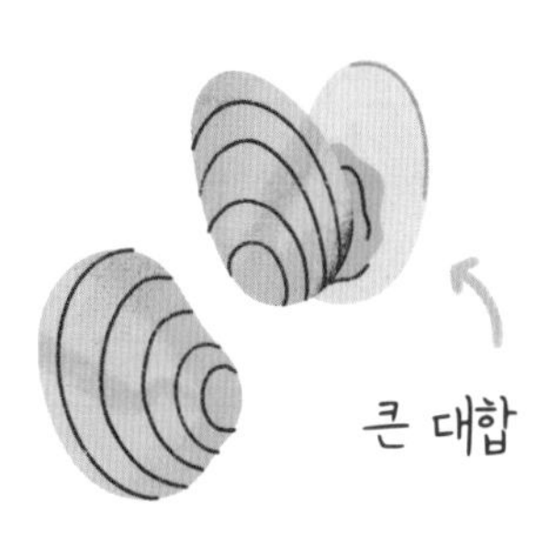
큰 대합

새끼 대합

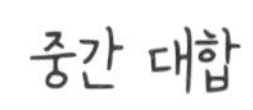
중간 대합

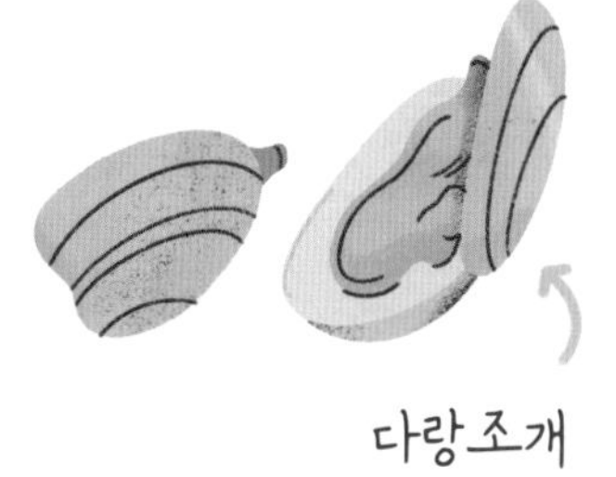
다랑조개

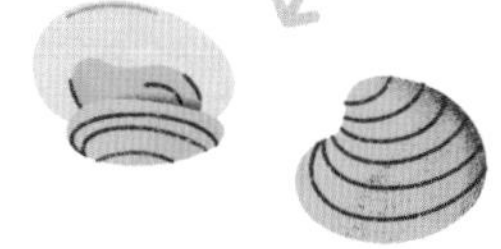

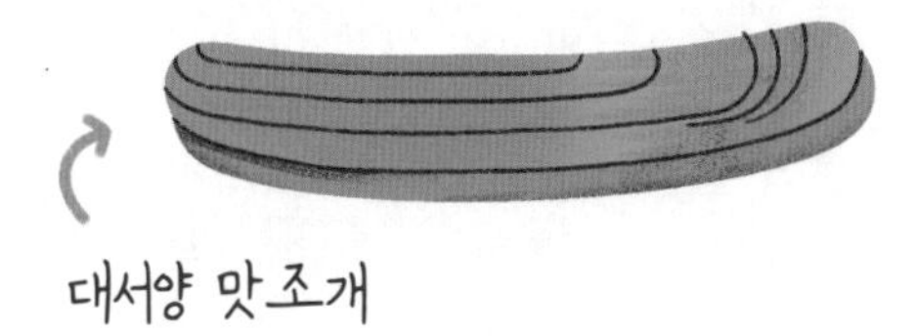
대서양 맛조개

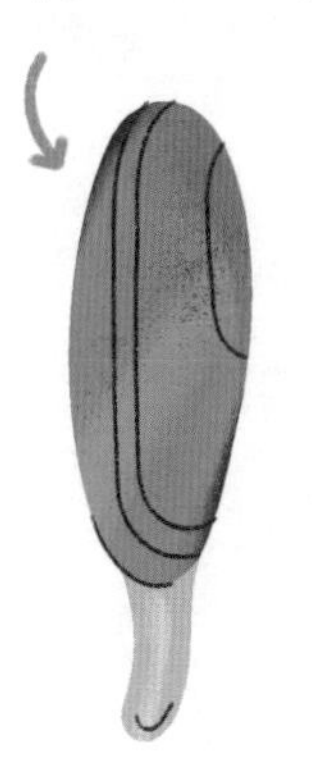
태평양 맛조개

이 넘는다. 생으로 먹기에는 너무 크고 질겨서 잘게 썰어 차우더나 수프로 끓여 먹는다.

중간 대합은 대합조개 중에서 크기가 중간이다. 5~6년쯤 됐을 때 수확하고 지름은 5~8센티미터이며 무게는 50~110그램이다. 중간 대합 중에서도 크기와 무게가 작은 편에 속하는 종류는 영어로 톱넥이라 불린다.

대합 가족의 막내인 새끼 대합은 크기도 가장 작고 나이도 가장 어리지만, 가격은 가장 비싸다. 크기는 2.5~5.1센티미터, 무게는 30~60그램이다. 맛이 가장 달콤하고 식감이 연해서 생으로 먹어도 좋고, 봉골레 스파게티로 만들어 먹으면 정말 맛있다.

다랑조개Steamers Clam

영어로 steamer, belly clam, Ipswich clam, long-neck clam, piss clam 등 다양한 이름으로 불리는 다랑조개는 우럭조개(학명 *Mya arenaria*)에 속한다. '껍질이 연한 조개soft-shell clam'로도 불리는데, 정말로 껍질이 연해서가 아니라 앞서 소개한 돌비늘백합에 비해 잘 부서진다는 의미다. 영어에서는 '목neck'으로 불리는, 구멍이 두 개 뚫린 기다란 구조가 있어서 이 구멍으로 숨 쉬고 먹이를 먹는다. 껍질이 완전히 닫히지 않도록 유지하는 기능도 한다. 이 입수관과 출수관 위로 마치 스타킹을 신은 것 같은 얇은 피부 층이 있어서 절대 생으로 먹을 수 없고 찌거나 튀겨서 먹는다.

다랑조개는 습하고 진흙이 많은 조간대 해안에 산다. 썰물이 일어나면 모습을 드러내며 서식지에 따라 독특한 맛이 난다. 또한 서식하는 해안의 진흙 산성도에 따라 껍질 색이 다양한데, 색이 짙을수록 맛이 달다. 다른 대합조개보다 훨씬 더 깊은 곳까지 파고들 수 있다는 점도 다랑조개의 특징이다. 무려 28센티미터까지 내려갈 수 있다! 그렇게 깊숙이 땅을 파고 들어가서 성체기의 대부분을 보낸다. 나이가 많은 다랑조개는 서식지를 벗어나면 원래 있던 곳으로 되돌아가지 못한다.

맛조개Razor Clam

맛조개는 대서양에 서식하는 종류(학명 *Ensis directus*)와 태평양에 서식하는 종류(학명 *Siliqua patula*)로 나뉜다. 둘 다 껍질이 일자 모양 면도칼처럼 생긴 공통점이 있지만, 사실 이 두 종류는 상당히 다르다. 대서양 맛조개는 더 길고 얇으며 태평양 맛조개는 통통하고 씹는 맛이 좋다. 모두 미국 태평양 북서부 지역에서 나는 대합조개의 일종인 코끼리조개를 축소시킨 버전처럼 생겼다. 코끼리조개는 입수관과 출수관이 굉장히 두껍고 야구방망이만큼 크며, 흡사 남성의 생식기를 연상시키는 모양으로 돌출되어 있다.

프론 vs 슈림프

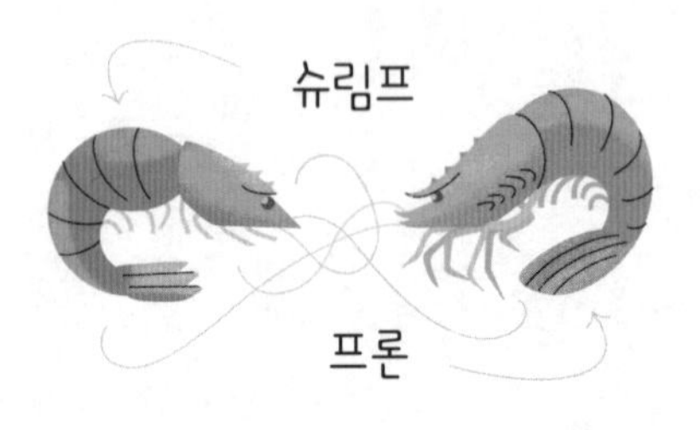

갑각류 중에서 영어로 슈림프shrimp 또는 프론prawn으로 불리는 새우만큼 큰 오해를 받는 종류도 없을 것이다. 두 단어가 똑같은 새우를 가리킨다고 생각하는 사람도 있고, 크기가 다른 새우를 의미한다고 보는 사람도 있고, 똑같은 새우를 국가·지역·주에 따라 다르게 부르는 이름이라고 하는 사람도 있다. 하지만 전부 틀렸다! 둘 다 새우로 불리지만 슈림프와 프론은 전혀 다른 생물이다. 슈림프로 불리는 새우는 범배아목Pleocyemata에 속하고, 프론이라 불리는 새우는 수상새아목Dendrobranchiata으로 분류된다. 이게 다 무슨 소리인지 살펴보자.

아가미: 중학교 생물학 수업에서 배운 내용을 상기해보면, 아가미는 표면적을 최대한 넓힐 수 있는 구조로 되어 있다. 슈림프는 아가미가 여러 겹의 납작한 판형인 반면, 프론의 아가미는 나뭇가지처럼 여러 갈래로 나뉜 형태다. '수상새아목'이라는 분류 명에서 'branchiata'에 이런 특징이 반영되었는지도 모른다(나뭇가지는 영어로 branch다—옮긴이).

집게 또는 집게발: 슈림프는 다리에 집게발이 두 쌍 있고 맨 앞의 한

쌍이 가장 크다. 프론은 집게발이 세 쌍이고 두 번째 쌍이 맨 앞의 것보다 크다.

몸 구조: 슈림프와 프론은 둘 다 십각류에 속하므로 체외 골격에 다리가 10개라는 점은 동일하다. 십각류의 몸은 크게 머리, 가슴(머리 바로 아래), 배('몸통'), 꼬리까지 네 부분으로 나뉜다. 프론은 머리가 가슴과 겹치고 가슴은 배와 겹치는 지붕널 같은 구조인 반면, 슈림프는 마치 허리띠를 두른 것처럼 가슴이 머리와 배를 두른 형태다.

서식지: 프론은 민물에 살고 슈림프는 민물이나 바다에 서식한다(대부분은 바다에서 잡힌다). 한 가지 재미있는 사실은 수온이 낮은 물에 서식하는 슈림프일수록 몸집이 작다는 것이다! (나는 스칸디나비아식 새우 샐러드에 들어 있는 새우가 왜 그렇게 작은지 늘 궁금했는데 이제야 그 이유를 알았다.)

크기: 보통 프론이 슈림프보다 크지만, 세부 종에 따라 다르다.

맛: 누가 슈림프와 프론의 맛이 다르다고 한다면 다 허튼소리다. 물론 슈림프보다 더 단맛이 나는 프론도 있겠지만, 범배아목과 수상새아목의 전체적인 차이가 아니라 세부 종류가 맛에 더 큰 영향을 준다.

록스 vs 노바 vs 훈제

베이글 샌드위치에 넣는 연어를 이야기할 때, 주로 두 가지 조리 방법이 등장한다. 바로 **염장**과 **훈연**이다. **염장**이란 음식을 소금에 절여서 보존하는 방법으로 풍미나 향을 내는 재료가 추가되기도 한다. **훈연**은 음식을 연기에 노출하는 것으로 '저온 훈연' 연어는 섭씨 약 30도, '고온 훈연' 연어는 그보다 높은 온도로 익혔다는 의미다. 음식점 '러스 앤드 도터스'의 공동 운영자인 니키 러스 페더먼의 설명을 들어보자. "저온 훈연 연어는 굉장히 얇아서 밑에 신문을 깔면 글자가 다 보일 정도예요. 염장 연어는 식감이 저온 훈연한 연어와 비슷하지만 스모키한 맛은 없어요. 고온 훈연 연어는 식감이 전혀 다릅니다. 불에 구운 연어처럼 씹히는 맛이 있고 생선살이 결을 따라 부서지죠."

록스lox 또는 더 정확한 명칭인 '벨리 록스'는 소금에 절인 연어다(설탕과 소금에 절인 연어인 **그라블락스**와 마찬가지로 훈연하지 않는다). 냉장 기술이 널리 활용되기 전에는 이렇게 연어를 소금에 절였다. 태평양에서 잡힌 연어는 어마어마한 양의 소금에 파묻힌 상태로 미국 전역에 공급되었고, 뉴욕에 살던 유대교 이민자들은 예배당에 가기 전 이렇게 절인 연어를 먹었다고 한다. 록스는 엄청나게 짜고 맛이 강하다. "벨리 록스의 맛을 줄이려면 빵과 유제품을 곁들여서 먹어야 했고, 거기서 연어 베이글이 탄생했다고 생각합니다." 니키의 설명이다. "우리 식당을 찾아온 손님들은 다짜고짜 록스를 주문하는

데, 몇 가지를 알려주고 확인해보면 정말로 먹고 싶은 메뉴가 무엇인지 파악할 수 있어요. 대부분은 설명을 들은 뒤에 훈제 연어를 선택합니다."

니키는 **가스페 노바**, 줄여서 **노바**nova라고 불리는 연어가 "전형적인 훈제 연어"라고 설명한다. '노바'라는 명칭은 연어 어획이 이루어지는 지리적 위치(캐나다 노바스코샤)이자, 먼저 염장한 다음에 살짝 연기로 익히는 특정한 훈연 방식을 가리킨다.

러스 앤드 도터스에서는 "마블링과 지방이 풍부해서 부드러운 맛이 일품인" 고급 가스페 노바와 더불어 스코틀랜드 연어와 웨스턴 노바도 판매한다. 스코틀랜드 연어는 염장 연어와 훈제 연어의 특징을 절반씩 가진 훌륭한 연어다. "스모키한 향이 풍부하면서도 지방 함량이 높아서 촉촉하고 부드러운 맛을 느낄 수 있습니다." 니키의 설명이다. 야생 왕연어로 만드는 웨스턴 노바는 기름기가 적고 살코기가 많다. 또한 밀도가 높아서 다른 종류보다 맛이 훨씬 강하다.

마지막으로 소개할 종류는 **키퍼드 연어**다. 섭씨 약 65도의 고온에서 훈연한 연어로, 식감이 끓는 물에 데친 연어와 비슷하다. 또한 저온 훈연하거나 염장한 연어처럼 얇게 썰지 않고 두툼한 조각으로 먹는다.

한 가지 참고 사항이 있다. 지금까지 소개한 연어는 '델리deli'가 아니다(치즈나 베이컨 같은 육가공품 상점을 델리카트슨delicatessen이라고 하며 그곳에서 파는 음식을 델리라고 한다—옮긴이). "유대인은 전통적으로 육류와 유제품을 함께 먹지 않습니다. 그래서 생선을 유제품과 함께 먹죠. 연어 베이글도 그런 음식입니다." 니키가 전했다. "델리는 육류를 더 맛있게 먹는 방법이죠. 생선과 유제품을 함께 먹는 것

또한 비슷하지만 줄기가 다른 전통입니다. 100년도 더 전부터 그렇게 먹었어요.”

캐비아 vs 어란

어란roe이 생선의 알 전체를 일컫는다면, 캐비아caviar는 철갑상어에서만 얻을 수 있다. 캐비아는 30그램도 안 되는 양이 무려 100달러(또는 그 이상!)에 달하는, 영롱하고 특별한 알이다. 캐비아는 고대 그리스 시대부터 진미로 여겨졌다. 『요리사의 필수 요리 사전』에 따르면, 로마의 세베루스 황제는 장미 꽃잎이 깔린 침대에 누워 플루트와 북으로 연주하는 음악을 들으며 캐비아를 즐겨 먹던 인물로 유명했다. 캐비아의 가치는 시대에 따라 바뀌었다. 예를 들어 1800년대에는 어부들이 설치한 그물망으로도 철갑상어를 잡을 수 있어서 그리 값어치가 높지 않았다. 그러다 최근 수십 년 전부터 캐비아의 인기가 급상승했다. 국제연합UN은 2006년 카스피해에 서식하던 러시아산 철갑상어의 개체수가 급감하자 캐비아의 국제무역을 금지했다. 따라서 지금 여러분이 접하는 캐비아는 야생이 아닌 양식 철갑상어의 알일 가능성이 크다.

캐비아 생산을 위해 가장 많이 양식되는 상어는 **미국 흰 철갑상어**다. 음식점 '러스 앤드 도터스'의 공동 소유자 조시 터퍼는 흰 철갑상어의 알은 크기가 약간 더 크고 고소한 맛이 강하다고 설명한다. **시베리아산 캐비아**는 맛이 더 부드럽고 달콤하다. **세브루가 캐비아**는 크기가 가장 작고 먹자마자 혀에서 톡 터진다. **오세트라 캐비아**는 가볍고 크기가 다른 캐비아보다 큰 편이다. 러시아 철갑상어(학명

Acipenser gueldenstaedtii)가 가장 오랜 기간에 걸쳐서 낳는 알이다(많은 전문가가 오세트라 캐비아를 최상급으로 여긴다). 가장 희귀하고 가격도 가장 비싼 **벨루가 캐비아**는 주로 카스피해에 서식하는 철갑상어의 알이다. 따라서 미국에서 판매되는 것은 불법 제품이다(단, 플로리다의 양식장 한 곳이 벨루가 철갑상어의 양식과 캐비아의 미국 내 판매를 승인받았으므로, 여기서 생산된 것은 예외다).

캐비아라는 명칭은 철갑상어의 알만 가리키지만 **어란**은 연어, 송어, 잉어, 대구, 청어, 쑤기미, 고등어 등 종류와 상관없이 모든 생선에서 얻은 알을 의미한다. 종류마다 크기, 식감, 맛이 다양하다. 캐비아와 비슷한 어란 두 가지를 소개한다. 바로 주걱철갑상어paddlefish와 삽코철갑상어hackleback의 알이다(우리말로 옮기면 영어와 달리 둘 다 이름에 '철갑상어'가 붙지만, 생물 분류상 캐비아를 얻는 철갑상어와는 종류가 다르다—옮긴이). 주걱철갑상어의 알은 캐비아보다 짠맛이 강해서 달걀 요리나 팬케이크, 그 밖에 익힌 요리에 고명으로 굉장히 잘 어울린다. 고명이라고는 하지만 장식하는 기능에 그치지 않고 특유의 맛을 느낄 수 있다. 삽코철갑상어의 알은 그보다 부드러워서 캐비아처럼 크렘 프레슈, 블리니blini(러시아식 팬케이크. 일반적인 팬케이크보다 얇고 크레이프보다는 조금 두껍다—옮긴이)와 함께 먹어도 좋고 그냥 알만 먹어도 훌륭하다. 가격은 주걱철갑상어의 어란보다 비싸지만 캐비아에 비하면 굉장히 저렴한 편이다.

소스,
페이스트,
드레싱

SAUCE
& PASTE
& DRESSING

러시안 드레싱 vs 사우전드 아일랜드 드레싱

샐러드 바에 자주 가는 사람, 또는 1950년대에 사는데 현재로 잠시 놀러온 사람이라면 큼직한 덩어리가 섞인 환한 분홍빛 드레싱을 본 적이 있을 것이다. 접시에 수북이 담은 야채에 한 스푼 푹 떠서 뿌리거나 샌드위치 빵에 발라서 먹어본 적이 있을지도 모르겠다. 여러분이 먹은 그 드레싱은 러시안 드레싱일까, 사우전드 아일랜드 드레싱일까? 병에 담겨 라벨에 이름이 적혀 있지 않다면 맛만 보고 둘 중에 어느 쪽인지 구분할 수 있을까?

러시안 드레싱russian dressing의 기본 재료는 마요네즈와 케첩이다. 여기에 절인 채소와 우스터소스, 고추냉이, 레몬즙을 넣고 파프리카, 양파 가루, 겨자 가루를 첨가하기도 한다. 러시안 드레싱은 사우전드 아일랜드 드레싱보다 매콤하고 덜 달다. 또한 맛이 더 복합적이고, 뭐라 형용할 수 없을 만큼 맛있다. '러시안' 드레싱인 이유는 캐비아가 재료로 쓰인 적이 있어서라고 주장하는 사람들도 있다. 1957년 《뉴욕 타임스》에 실린 기사에 따르면, 『그랑 라루스 요리백과』에 실린 러시안 드레싱의 초기 버전은 마요네즈에다 물에 데친 산호와 잘게 분쇄한 랍스터 껍질을 넣어 분홍색을 내고 검은색 캐비아와 소금으로 맛을 냈다. 이 드레싱을 개발한 사람은 (러시아가 아닌) 미국 뉴햄프셔 내슈어에 살던 제임스 E. 콜번이며 워낙 불티나게 팔려서 콜번은 "바로 은퇴하고 쉬어도 될 만큼 돈을 벌었다"고 한다.

정말 부럽다.

사우전드 아일랜드 드레싱thousand island dressing도 마요네즈와 케첩이 기본 재료로 들어가고 피클과 함께 피망, 올리브, 양파 등 잘게 썬 다른 채소가 들어간다. 그 밖에 파슬리, 차이브, 핫소스 등 레시피마다 개성이 드러나는 몇 가지 재료가 추가되기도 한다. 러시안 드레싱과의 가장 큰 차이점은 완숙 삶은 달걀을 다져서 넣는다는 것이다. 삶은 달걀은 드레싱을 되직하게 만들고 여러 재료가 잘 섞이게 한다. '사우전드 아일랜드'라는 이름은 1900년경 이 드레싱이 처음 탄생한, 뉴욕 북부와 캐나다 온타리오 남부 사이 지역의 명칭을 딴 것이다. 도시 사람들이 여름이면 찾아가던 휴양지 중 한 곳이었을 가능성이 높다.

오늘날에는 두 가지 드레싱 모두 샐러드보다는 샌드위치에 더 많이 쓰인다. 러시안 드레싱은 루벤 샌드위치(호밀 빵에 콘드비프와 사워크라우트, 치즈를 넣은 샌드위치—옮긴이)에 주로 쓰이고, 빅맥에 들어가는 '비법 소스'도 사우전드 아일랜드 드레싱과 비슷하다. 그러나 《워싱턴 포스트》에 따르면 "미국 전역 음식점에서 판매되는 메뉴를 조사한 결과 안타깝게도 러시안 드레싱은 이제 미국 국민의 의식 밖으로 사라진" 것으로 보인다. 뿐만 아니라 러시안 드레싱이 사우전드 아일랜드 드레싱으로 판매되기도 한다. "가끔은 이게 뭔지 힘들게 설명하는 수고를 덜기 위해 소비자가 바로 알아볼 수 있는 방법이 우선시된다." 『집에서 만드는 유대인 정통 델리 식품』의 공저자 닉 주킨은 《워싱턴 포스트》의 기사에서 이런 견해를 밝혔다. "러시안 드레싱이라고 하면 사람들이 이게 뭔지 고민하느라 골치 아플까 봐 사우전드 아일랜드 드레싱이라는 이름을 붙이는 것이다."

마마이트 vs 베지마이트

여러분에게는 마마이트와 베지마이트의 차이점은 고사하고 아예 이 음식 자체가 금시초문일 수 있다. 담긴 용기와 제품 포장부터 내용물까지 소름끼칠 정도로 비슷한 마마이트와 베지마이트는 둘 다 효모 추출물로 만든 뻑뻑하고 색이 짙은 페이스트다.

효모 추출물은 맥주 양조 과정에서 나오는 부산물이다. 발효가 모두 끝나고 남은 효모에 소금을 넣어 가열하면 자가 용해, 즉 효모 세포의 단백질, 핵산, 탄수화물이 효소에 분해되기 시작한다. 그러면 감칠맛을 내는 유리 글루탐산이 가득 함유된 끈적끈적한 물질이 생긴다. 이것을 원심분리기에 넣고 액체(유용한 부분)와 고형 세포벽(동물 사료로 쓰이는 부분)으로 나눈 다음, 액체만 남겨서 원하는 농도가 될 때까지 수분을 증발시킨 후 채소 추출물을 섞어 풍미를 더한다. 그러면 짭짤하고 감칠맛이 나는 진한 페이스트가 탄생한다. 일반적으로 이 페이스트는 토스트에 아주아주 얇게 발라서 먹는다.

'그냥 잼을 발라 먹으면 되지 어느 정신 나간 사람이 이런 걸 만들었지?'라고 생각했다면, 바로 유스투스 리비히 남작이 그 주인공임을 밝혀둔다. 19세기 독일의 화학자였던 리비히는 맥주 양조장에서 나오는 폐기물을 음식으로 바꾸는 방법을 찾아냈고, 1902년에 **마마**

이트 푸드 컴퍼니Marmite Food Company가 영국 버턴어폰트렌트의 오래된 양조장에서 처음으로 리비히가 개발한 방법을 상용화했다. 배스 브루어리에서 약 3킬로미터 떨어진 곳이었다. 제품 수요가 급증하자 1907년에는 런던에도 새로운 공장이 문을 열었다. 또한 기존 제품보다 맛이 좀 더 부드러운 새 버전이 개발되어 호주와 뉴질랜드로 수출됐다. 과학계가 마마이트에 비타민 B 함량이 굉장히 높다는 사실을 밝혀내자 학교와 병원에서 특히 인기가 높아졌고 1차, 2차 세계대전 시기에는 해외로 파병된 영국군에도 다량 공급됐다.

1919년 호주로 수출되던 마마이트의 공급이 1차 대전으로 끊기자, 크래프트사의 전신인 식품 제조업체 프레드 워커는 멜버른에서 활동하던 화학자 시릴 퍼시 칼리스터에게 부탁해 마마이트와 비슷한 제품을 개발해서, 베지마이트vegemite라는 이름으로 팔았다. 베지마이트도 마마이트와 마찬가지로 양조장에서 나온 물질을 재료로 사용하고 채소 추출물을 첨가했다.

그리하여 효모 추출물은 지금까지 두 개의 대표적인 브랜드로 판매되고 있다. 지구 반대편에서 각각 만들어졌지만 공교롭게도 둘 다 유리병에 포장되어 빨간색과 노란색 라벨이 붙은 제품으로 판매된다. 두 제품은 어떤 차이가 있을까? 베지마이트는 색이 더 짙고 뻑뻑해서 땅콩버터와 비슷한 느낌이고, 마마이트는 그에 비해 숟가락으로 뜨면 흘러내릴 만큼 묽어서 페이스트보다는 시럽에 가깝다. 맛도 베지마이트가 더 강하다. 먼저 만들어진 마마이트보다 맛이 훨씬 진하고 짠 편이다. 보통 출신지에 따라 두 가지 중에 어느 한 쪽을 선호한다. 나처럼 어떤 제품이 더 나은지 따지는 논쟁에 전혀 관심이 없다면, 토스트에는 그냥 잼을 발라 먹으면 된다.

마요네즈 vs 아이올리

미국에서는 어느 순간부터 마요네즈가 아이올리보다 못한 음식이라는 집단의식이 자리를 잡았다. 물 건너 유럽에서 온 멋진 아이올리가 들어간 샌드위치라면 무조건 훨씬 고급 음식이라고 여긴다. "마요네즈는 별론데, 아이올리는 정말 좋아." 다들 이런 말을 하기 시작했다. 이게 다 무슨 일일까? 정말 그렇게 다를까?

마요네즈와 아이올리는 둘 다 에멀션(유제)이다. 서로 성질이 굉장히 다른 액체가 두 가지 이상 섞인 혼합물이라는 뜻이다. 물 또는 물이 들어간 아무 액체와 기름이 섞인 혼합물을 떠올리면 된다. 이렇게 서로 다른 액체끼리 유화하려면 기름을 아주 작은 방울로 분해해야 한다. 그래야 섞었을 때 기름이 혼합물에 부유하고, 두 액체 각각에서 느껴지는 것과는 전혀 다른 부드러운 맛이 생긴다.

마요네즈mayonnaise는 달걀흰자에 소금, 그리고 레몬즙이나 식초 같은 산성 재료를 섞어서 만든다. 잘 섞이도록 겨자를 넣기도 한다. 모두 섞으면, 맛이 특별하진 않지만 부드럽고 훌륭한 소스가 된다.

스페인과 지중해 지역 음식에 사용되는 정통 **아이올리**aioli는 기름에 마늘, 소금만 넣고 휘저어서 만드는 부드러우면서도 단단한 스프레드다. 달걀흰자나 겨자는 물론 그 어떤 다른 재료도 들어가지 않는다. 하지만 최근에는 마요네즈에 각종 맛을 첨가한 소스를 전부 '아이올리'라고 부른다. 마늘, 치포틀레(치폴레), 페스토, 파프리카,

트러플 등 온갖 종류의 아이올리가 판매되고 있지만 모두 마요네즈에 향미료를 첨가했을 뿐이다.

그래서 "마요네즈는 구역질나. 하지만 아이올리는 극락이지"라고 이야기하는 분들에게… 안타깝지만 지금 당신이 먹고 있는 건 마요네즈라고 꼭 말해주고 싶다.

머스터드

옐로 vs 스파이시 브라운 vs 디종 vs 홀그레인 vs 핫 vs 잉글리시

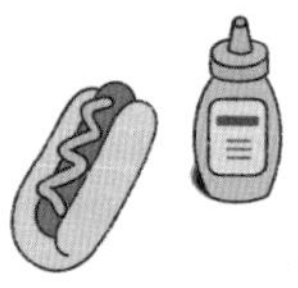

여러분이 파스트라미 샌드위치에 쫙 뿌리거나, 또는 핫도그에 구불구불한 곡선 모양으로 짜서 먹는 머스터드소스는 역사가 고대 로마시대까지 거슬러 올라간다. 당시에 요리사들은 잘게 부순 겨자씨에 '머스트must'라는 포도 과즙을 섞어서 '머스텀 알덴스Mustum Ardens'를 만들었다. 영어권 사람들이 이 단어를 무지막지하게 잘라낸 결과 영어설픈 '머스터드'라는 이름이 탄생했다.

기본 원리는 간단하다. 겨자씨에 액체 재료를 넣기만 하면 된다. 매운맛의 정도와 풍미, 겉모습은 아래 조건에 따라 다양하다.

1. **겨자씨의 종류:** 노란색 겨자씨가 가장 순하며, 갈색과 검은색 겨자씨는 더 맵고 톡 쏜다.
2. **겨자씨의 분쇄도:** 씨를 으깨서 액체와 섞으면 특정 효소가 활성화되어 먹으면 코가 뻥 뚫리게 만드는 겨자씨 오일이 생긴다. 그러므로 씨가 통째로 들어 있는 소스는 맛이 덜 독하다.
3. **겨자씨에 섞는 액체:** 산성도가 높은 액체와 섞을수록 매운맛이 더 오래 유지된다. 따라서 식초가 들어간 머스터드소스는 그리 심하지

않은 매운맛도 오래가는 반면, 물과 섞은 소스는 만든 직후엔 매운맛이 엄청나게 강력하지만 그 독한 맛이 금세 사라진다.

4. 겨자씨와 섞는 액체의 온도: 뜨거운 물과 섞으면 매운맛을 내는 효소 중 일부가 활성을 잃는다. 찬물을 넣으면 그러한 효소가 그대로 보존된다.

이제 슈퍼마켓에서 가장 많이 볼 수 있는 머스터드소스의 종류와 각각의 차이점을 살펴보자.

옐로 머스터드Yellow Mustard

야구장에서 많이 먹는 핫도그에 뿌려진 옐로 머스터드의 재료는 (뭘까!) 바로 잘게 분쇄한 노란색 겨자씨와 식초, 물이다. 특유의 샛노란 색을 더하기 위해 강황이 첨가되는 경우도 많다. 매운맛으로 따지면 부드러운 편에 속하지만 특유의 톡 쏘는 향이 있다.

스파이시 브라운 머스터드Spicy Brown Mustard

갈색 겨자씨가 재료로 쓰이고 옐로 머스터드보다 식초가 덜 들어간다. 씨앗부터가 더 맵고 산성도는 더 높아서 옐로 머스터드보다 톡 쏘는 맛이 더 강하다. 주로 기름기가 많고 풍미가 깊은 익힌 육류에 곁들여 먹는다. 그러한 음식과 함께 먹으면 겨자의 강한 맛이 순화된다. 가공 후에도 완전히 분쇄되지 않은 겨자씨가 남아서 식감이 다소 거친 편이다.

디종 머스터드Dijon Mustard

갈색 또는 검은색 겨자씨를 잘게 분쇄해서 만든다. 이름에 나와 있듯이 프랑스 디종 지역에서 처음 만들어졌다. 하지만 미국에서 판매되는 디종 머스터드가 전부 그곳에서 제조된 것은 아니다. 겨자씨에 프랑스어로 '베르쥐'라고 하는 덜 익은 포도의 즙을 섞어서 만드는 것이 정통 방식이나, 오늘날에는 이 즙 대신 화이트 와인이 사용되는 경우가 많다. 베르쥐와 화이트 와인은 식초보다 산성도가 낮으므로 디종 머스터드는 대체로 매콤하고 쨍한 맛이 강하다. 샐러드드레싱, 마요네즈(95쪽 참고) 재료로 아주 적합하며 소스와 비슷한 다른 음식에 잘 어울린다. 조금만 넣어도 존재감이 오래 느껴진다.

홀그레인 머스터드Whole-Grain Mustard

갈색 겨자씨를 으깬 후 와인을 페이스트가 될 정도로만 섞어서 만든다. 되직하고 식감이 거칠다. 겨자씨가 전부 분쇄되지 않고 남아 있으므로 다른 머스터드소스에 비해 매운맛이 약하다. 음식의 식감을 조금 색다르게 살리고 싶을 때 사용하면 좋다. 비네그레트vinaigrette(오일에 식초, 레몬즙과 같은 산성 재료를 섞어서 만드는 샐러드드레싱—옮긴이)에 넣거나 연어에 발라 먹어도 좋고 샌드위치를 만들 때 듬뿍 뿌려도 좋다.

핫 머스터드(매운 겨자)Hot Mustard

보통 가루 형태로 판매되며 곱게 간 갈색 또는 검은색 겨자씨로 만든다. 찬물에 가루를 개서 사용한다. 겨자 가루에 물을 섞으면 엄청 매워진다. 섞은 후 약 15분쯤 그 강도가 절정에 달했다가 점차 약해진다. 보통은 만두(27쪽 참고)나 에그롤(36쪽 참고)과 함께 제공된다. 핫 머스터드 소스에 푹 찍어서 먹으면 코가 뻥 뚫리는 매운맛을 느낄 수 있다.

잉글리시 머스터드English Mustard

노란색과 갈색 겨자씨를 섞어서 만드는 매운 겨자의 한 종류다. 소스로 판매되는 제품도 있지만, 매운맛을 제대로 내려면 소스를 직접 만들어야 한다. 그래서 대부분 가루 제품을 구입한다. 중국 음식에 들어가는 매운 겨자처럼 굉장히 맵지만 노란색 겨자씨로 만드는 만큼 중국 겨자보다는 덜 맵다.

간장 vs 쇼유 vs 타마리

간장soy sauce은 지금으로부터 약 2000년 전에 처음 발명됐다. 오늘날 생산되는 간장도 그때와 비슷하게 만든다. 먼저 대두와 구운 밀을 섞어서 '고지'로도 불리는 누룩곰팡이를 접종한다(미소 된장과 사케에도 고지가 사용된다). 3~4일이 지나 대두와 밀, 누룩곰팡이가 섞인 혼합물에서 물과 염이 생기고 빽빽한 덩어리가 되면 커다란 통에 담아 발효시킨다. 전통 방식으로는 18개월 이상 발효시킨 다음 걸러서 병에 담는다.

간장은 **중국식 간장**과 **일본식 간장**으로 나눌 수 있다. 전통 중국식 간장은 100퍼센트 대두로 만들고 일본식 간장은 콩과 밀을 (보통 반반으로) 섞어 만든다. 그래서 일본식 간장이 더 달고 미묘한 맛이 난다. 중국식 간장은 이에 반해 더 짜고 맛이 강하다. **쇼유**shoyu는 일본식 간장을 부르는 이름이며 연한 쇼유(우스쿠치)와 진한 쇼유(고이쿠치)로 나뉜다.

타마리tamari는 미소 된장을 만들 때 나오는 부산물로 간장과 비슷하다. 전통 방식으로는 밀을 넣지 않고 대두로만 만든다. 따라서 중국식 간장과 비슷한 풍미가 난다. 글루텐 섭취를 피하려는 사람들이 선택할 수 있는 식품이기도 하다. 그러나 요즘 판매되는 타마리에는 밀이 조금 사용되므로 글루텐 섭취를 조절 중인 사람은 제품 라벨을 꼭 확인해야 한다.

그 밖에 다른 간장으로는 '생 간장', '묽은 간장'으로도 불리는 **중국식 연간장**이 있다. 중국 음식에 가장 많이 쓰이는 간장이다. **중국식 진간장**은 점도가 높고 색도 더 진하지만 짠맛은 덜하며, 설탕이나 당밀이 함유된 제품도 있다. 인도네시아식 **달달한 간장**인 케찹 마니스는 동남아시아 전 지역에서 널리 쓰이며, 종려당과 팔각, 갈랑갈 galangal(생강과 비슷하게 생긴 동남아시아 향신료—옮긴이)을 비롯해 여러 향신 재료로 맛을 낸다. 저술가 맥스 팔코비츠는 이 소스를 "바비큐 소스와 비슷하다"라고 설명했다. 볶음 요리, 쌀과 국수 요리에 많이 쓰이며 음식을 재우는 양념으로 활용하기에도 좋다.

간장이나 간장 비슷한 양념을 구입할 때는 반드시 성분 목록을 먼저 확인해야 한다. 간장이라고 판매되는 제품 중에는 전통 발효 과정을 다 건너뛰고서 간장의 맛을 내려고 역겨운 화학물질을 잔뜩 쏟아부은 것도 있다. "제품 라벨에 대두, 밀, 소금, 누룩곰팡이 배양물 외에 캐러멜 색소나 '천연 향미료' 같은 성분이 적힌 제품은 멀리해야 한다." 맥스의 설명이다. 그런 제품이 아니라도 고를 수 있는 폭이 넓으니 굳이 연연할 필요가 없다.

맥주

BEER

에일 vs 라거

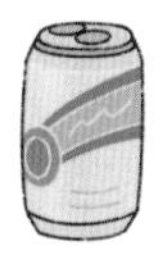

세상에 존재하는 맥주는 거의 다 크게 두 가지로 나눌 수 있다. 바로 **에일**ale과 **라거**lager다. 다양한 맥주를 시음할 수 있는 곳에 가본 적이 있다면, 아마 어떻게 다른지 잘 알 것이다. 버드와이저, 밀러 라이트와 같은 라거는 맑고 마시면 갈증이 싹 사라지는 맛이며, 페일에일, 스타우트, IPA, 세종 등 에일은 더 깊고 진한 풍미가 느껴진다.

맥주 맛을 좌우하는 요소는 너무너무 많다. 어떤 곡류로 만드는지(가령 버드와이저에는 쌀이 들어간다!), 홉은 어떤 종류가 얼마나 들어가는지(잡초 맛이 나는 것도 있다!)도 중요한 요소다. 에일과 라거의 실질적인 차이는 양조에 쓰이는 효모 종에서 비롯된다.

맥주도 와인(115쪽 참고), 빵(239쪽 참고), 피클(231쪽 참고)처럼 효모가 있어야 발효된다. 발효 과정에서 맥아 곡류(싹이 트기 시작한 곡류)에 함유된 당이 알코올로 바뀐다. **에일**에 쓰이는 효모는 사카로미세스 세레비시에*Saccharomyces cerevisiae*다. 약간 따뜻한 온도(섭씨 약 21도)에서 잘 자라고 발효 과정에서 액체 표면으로 떠오른다. **라거**에 쓰이는 효모인 사카로미세스 파스토리아누스*Saccharomyces pastorianus*는 발효 과정에서 바닥에 가라앉는다. 에일 효모보다 발효 속도가 느리며 더 낮은 온도(10도)에서 잘 자란다. 원래 라거는 기온이 낮을 때 동굴에 두었다가 봄에 기온이 올라가고 효모가 활성화되어 발효가 끝나면 마셨다. '저장하다'라는 뜻의 독일어 라건lagern에서 비롯된 '라거'라는 이름에 그러한 내력이 잘 반영되어 있다.

냉장 보관 기술이 등장하고 마시면 물처럼 상쾌하다는 특징에 힘입어, 라거는 전 세계적으로 가장 많이 마시는 맥주가 되었다. 하지만 라거 맥주를 만들기 위해서는 더 많은 시간과 보관 공간, 냉각 시스템이 필요하므로 생산 비용이 더 비싼 편이다. 수제 맥주 양조장에서 거의 대부분 에일만 만드는 것도 이런 이유 때문이다. 에일은 만드는 데에 라거만큼 돈이 많이 들지도 않고 발효, 홉 첨가, 포장까지 단 몇 주면 완료된다.

IPA vs 페일에일 vs 세종 vs 필스너 vs 밀맥주

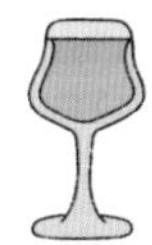

이제 에일과 라거의 차이는 이해했을 것이다. 그럼 이번에는 술집이나 상점에서 흔히 접하는(그리고 아주 헷갈리는!) 맥주의 세부 종류를 몇 가지 살펴보자.

IPA(인디아 페일에일)India Pale Ale

스스로 맥주 맛을 잘 아는 전문가라고 자부하는 사람들은 IPA를 좋아한다. 호박색을 띠는 IPA는 원뿔 모양으로 생긴 꽃이자 대마와 가까운 식물인 홉에서 특유의 풍미를 얻는다. 양조에 사용되는 홉이 어떤 종류이고 어느 단계에 들어가는지에 따라, 완성되는 맥주의 쓴맛이 달라지고 감귤류 과일의 향, 꽃 향, 허브나 소나무 향이 제각기 담긴다. IPA는 알코올 도수가 꽤 높아 취하기 쉽다. 도수가 낮은 제품도 4~6퍼센트이고 홉 함량이 높은 더블 IPA는 알코올 도수가 10퍼센트나 된다. 그러니 마음을 단단히 먹고 마셔야 한다.

페일에일Pale Ale

페일에일도 홉의 풍미가 깊지만 IPA만큼 강하지는 않다. 맥아의 맛과 어우러져 전체적으로 맛의 균형이 좀 더 좋고 무게감은 중간 정도다. 알코올 도수는 4~7퍼센트로 IPA보다 낮지만, 그래서 더 많이 마시게 된다.

세종(팜하우스 에일)Saison

흐릿한 오렌지빛이 도는 것부터 진한 호박색이 나는 것까지 다양한 세종 에일은 벨기에가 원산지다. 냉장 기술이 등장하기 전에는 전통적으로 추운 날씨가 물러갈 때쯤 만들어졌다. 그만큼 여름철에도 맛이 잘 변하지 않으며, 뜨거운 날씨에 마시면 갈증이 싹 풀린다. 과일향, 감귤류의 상큼함, 생동감과 함께 맥아와 홉의 맛도 느껴지는 맥주다.

필스너Pilsner

필스너는 라거에 홉을 추가해서 만드는 맥주로, 전형적인 라거인 버드와이저 라이트나 팹스트 블루리본PBR보다 풍미가 강하다. 원산지인 체코에서 만든 필스너 맥주는 독일에서 만들어진 필스너보다 색이 짙고 쓴맛도 강하다. 독일산 필스너는 간단히 '필스Pils'로도 불린다.

밀맥주Wheat Beer

맥아에 밀이 최소 50퍼센트 이상 포함된 밀맥주는 과일 향, 꽃 향과 효모의 풍미가 뚜렷하다. 단백질 함량이 높아서 다른 여러 에일 맥주보다 색이 뿌옇고 옅다. 알코올 도수도 3~7퍼센트로 낮은 편이며 여름에 잘 어울린다. 감귤류와 바나나의 향이 어우러져 청량감을 선사한다.

포터 vs 스타우트

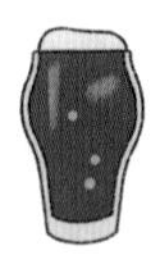

가장 유명한 스타우트 맥주는 기네스다. 아일랜드에서 온 이 짙은 색 맥주는 맥길리건, 맥긴리, 맥그로 같은 상호가 붙은 세계 곳곳의 술집에서 팔려나가고 있다. 하지만 이 맥주에 자신의 이름을 붙인 주인공인 아서 기네스는 포터 맥주로 먼저 유명해졌다.

포터porter 맥주는 1700년대 초 영국 런던에서 탄생했다. 오래되어 맛이 없어진 맥주를 홉 향이 진한 갓 만든 에일과 섞었더니 맛이 괜찮아진 것이 그 시작으로 추정된다. 이를 처음 시도했던 양조장은 역설계 방식으로 그러한 맛이 나는 맥주를 만드는 독자적인 방법을 개발했고, 이 양조법은 18세기 말에 이르자 아서 기네스를 통해 유명해졌다. 현대식으로 양조되는 잉글리시 포터는 브라운 포터와 로버스트 포터 두 가지로 나뉜다. 브라운 포터는 홉보다 맥아의 풍미가 강하고 캐러멜과 초콜릿의 향이 느껴진다면, 로버스트 포터는 맛이 진하고 로스팅한 커피 원두의 풍미가 느껴지며 색도 더 짙다.

다시 18세기 영국으로 돌아가자. 1700년대 초, 아서 기네스는 포터 양조법을 요리조리 바꿔서 색과 맛이 더 진한, '더 강한stouter' 맥주를 만들 수 없을까 고민하기 시작했다. 그 결과 오래전 먼저 탄생한 포터보다 더 깊고 진한 맛에 짙은 갈색과 검은색이 도는 **스타우트**

stout가 탄생했다. 재료로 쓰이는 곡물에 구운 보리를 더한 결과였다. 오늘날 우리가 접하는 스타우트 맥주는 달지 않은 종류부터 깊은 맛, 달콤한 맛이 느껴지는 것까지 다양하지만, 공통적으로 초콜릿, 토피, 커피의 풍미가 담겨 있다. 탄산 함량이 대체로 적은 편이라 부족한 이산화탄소를 질소로 채워서, 더 미세한 거품이 형성되어 마셨을 때 부드러운 것 또한 스타우트 맥주의 특징이다.

이 정도면 포터와 스타우트는 간단히 구분할 수 있지 않을까? 그렇지 않다. 지난 10여 년간 색과 맛이 진한 맥주면 다들 아무렇게나 '스타우트'나 '포터'라고 불렀기 때문이다. 게다가 로버스트 포터를 만들 때 구운 보리를 많이 섞는 양조장도 있고, 스타우트보다 더 강한 포터 맥주를 만드는 곳도 있다. 희소식은, 포터와 스타우트 중 어느 한 가지가 입에 맞으면 다른 한 가지도 좋아할 가능성이 높다는 점이다. 그러니 이름과 상관없이 일단 다양하게 맛을 보고 마음에 드는 맥주를 마시는 게 가장 좋다.

와인

WINE

내추럴 와인 vs 유기농 와인

내추럴 와인natural wine은 법으로 정한 엄격한 기준이 아닌 특정한 분위기, 개념, 틀에 따라 분류된다. 기본적으로는 잡다한 물질이 섞이지 않은 순수한 발효 포도즙을 가리킨다. 인류가 먼 옛날부터 만들어온 술이라고 볼 수 있다. 2021년을 기준으로 내추럴 와인은 다음과 같이 정의할 수 있다.

1. 농약을 살포하지 않은 포도를 사용한다.
2. 포도는 기계가 아닌 사람이 직접 손으로 수확한다.
3. 즙을 공기 중에 자연적으로 존재하는 천연 효모로만 발효시킨다. 효모는 발효한 즙을 통에 담았을 때도 남아 있다.
4. 일반적인 와인 생산 공정에 사용되는 설탕, 산, 달걀흰자(우웩) 같은 첨가물이 들어가지 않는다.

내추럴 와인의 세계에서 뜨거운 논란이 되는 문제가 하나 있다. 바로 아황산염이다. 병에 담을 때와 나중에 병을 열어서 마실 때 맛이 동일하게 유지되도록 천연 효모를 사멸시키는 용도로 쓰는 보존료다. 내추럴 와인 생산업체 중에는 아황산염을 전혀 사용하지 않는 곳도 있고, 병에 와인을 담기 전에 소량 첨가하는 곳도 있다. 대부분 아황산염 농도 10~35피피엠(0.001~0.0035퍼센트)을 허용 가능한 수준으로 여긴다(일반 와인에는 이보다 최대 10배에 달하는 아황산염이 첨가된다).

미국에서 '**유기농 와인**organic wine'은 합성 살충제와 비료 없이 재배된 포도를 사용하고 효모를 포함한 다른 모든 성분도 유기농 인증을 받은 와인을 의미한다. 아황산염은 제조 과정에서 자연적으로 생긴 경우에만 허용된다. 유럽의 유기농 와인 기준은 이와 달리 아황산염이 최대 100피피엠까지 허용된다. 미국의 품질 기준이 유럽보다 까다로운 극히 드문 예 중 하나다.

샴페인 vs 카바 vs 프로세코 vs 펫낫

어떤 자리든 분위기를 띄우기에 거품 가득한 샴페인 한 병을 곁들이는 것만큼 훌륭한 방법이 있을까. 그런데 그런 효과를 한층 더 높이는 방법이 있다. 여러분이 마시는 그 음료가 정확히 무엇인지 알고 마시는 것이다.

진짜 **샴페인**champagne은 프랑스 파리에서 북동쪽으로 약 140킬로미터 떨어진 샹파뉴라는 지역에서만 생산된다. 전 세계 와인 생산지를 통틀어 기온이 가장 서늘한 샹파뉴는 토양에 석회질 비율이 높아서, 와인에 다른 어떤 곳에서도 따라할 수 없는 고유한 특징이 있다.

샴페인을 만드는 과정도 독특하다. 모든 샴페인은 일반 와인을 30종에서 60종 혼합해서 만드는데, 딱 세 가지 포도로 담근 와인만 포함될 수 있다. 바로 샤르도네chardonnay, 피노 뫼니에pinot meunier, 피노 누아르pinot noir 포도다. 이 와인 혼합물에 더욱 깊고 진한 맛을 내기 위해 수년 전 만들어서 숙성해둔 와인을 소량 섞고, 효모와 '리쾨르 드 티라주(당과 와인 혼합물)'를 조금 넣은 다음에 병에 담아 밀봉한다. 효모가 당을 분해하면 알코올이 조금 더 증가하고 이산화탄소 기체가 생기는데, 병이 밀봉되어 있으므로 밖으로 빠져나가지 못하고 와인에 흡수된다. 병에 담은 샴페인은 지하 저장고에 1년 이상

둔다. 여기서 끝이 아니다. 할 일을 다 한 효모를 그대로 두면 액체가 뿌옇게 흐려지므로 이것을 처리하는 숙제가 남아 있다. 먼저 병의 맨 윗부분에 모인 효모 세포를 얼린 다음 병을 열어서 언 효모를 제거한다. 6밀리미터 정도 빈 공간은 '리쾨르 덱스페디시옹(와인과 당 혼합물)'으로 채운다. 이 혼합물의 양에 따라 샴페인의 당도와 드라이한 정도가 결정된다. 이 과정이 끝나면 병 입구를 코르크로 닫는다. 나중에 코르크 마개를 열면 갇혀 있던 이산화탄소가 자잘하고 짜릿한 거품으로 터져 나온다.

1860년대에 스페인에서 와인을 생산하던 돈 호세 라벤토스라는 사람이 샹파뉴로 여행을 왔다가 샴페인을 처음 접하고 강렬한 인상을 받았다. 자신도 거품 가득한 그런 음료를 만들어보기로 결심한 라벤토스는 고향에 돌아와, 인접한 포도주 양조장 여러 곳을 한데 모으고 그 지역에서 나는 모든 와인을 샴페인으로 변신시키기 위한 계획을 세웠다. 양조장이 위치한 페네데스를 스페인의 고유한 샴페인 생산지로 만든다는 것이 라벤토스의 계획이었다. 이렇게 탄생한 카바cava는 현재 법으로 지정된 6개 지역에서 생산할 수 있지만, 전체 생산량의 95퍼센트는 여전히 페네데스에서 만들어진다.

카바도 샴페인처럼 이중 발효를 거치지만 단순한 복제품이라고 할 수는 없다. 일단 카바를 만드는 와인은 파레야다parellada, 샤렐로xarel-lo, 마카베오macabeo, 샤르도네, 말바시아malvasia까지 총 다섯 가지 포도로만 만들어야 하며, 와인이 생산되는 전체적인 자연 환경도 차이가 있다. 또한 샴페인은 효모를 넣은 후 숙성 기간이 최소 15개월이며 대부분 그보다 길지만, 카바는 혼합물이 효모와 접촉하며 발효되는 기간이 대체로 9개월이다. 그래서 샴페인보다 과일 향이 강하고, 가볍고, 상큼하다.

프로세코prosecco는 이탈리아 베네토에서 주로 글레라Glera라는 포도로 만든다(과거에는 프로세코로 불리던 포도다). 프로세코의 탄산은 샴페인과 달리 '샤르마 방법'으로 만들어진다. 즉 두 번째 발효가 병에서 개별적으로 진행되지 않고 압력 탱크에서 한꺼번에 이루어진다. 그 결과 샴페인보다 과일 향이 짙고, 『더 와인 바이블』의 저자 캐런 맥닐의 표현을 빌리자면 "극적인 산뜻함"은 약하다. 기포도 더 크고 전체적으로 샴페인보다 투박하다. 하지만 이런 건 중요치 않다. 프로세코는 마시기 좋고, 프랑스에서 만들어진 샴페인에 비해 저렴하므로 적금을 깨지 않아도 얼마든지 즐길 수 있다.

이제 **펫낫**pét-nat을 소개할 차례다. 펫낫은 '페티앙 나튀렐'을 줄인 이름으로, 앞서 소개한 다른 음료보다 훨씬 자유분방하다. 즉 샴페인과 카바, 프로세코는 전부 발효를 두 번 거치지만 펫낫은 '첫 번째' 발효가 완료되기도 전에 병에 담는다. 간단하고 거친 생산 방식인 만큼 예측 가능성이 크게 떨어진다. 다 완성되고 나면 무슨 맛이 날지 알 수 없다는 의미다! 따라서 여러 가지 변수를 꼼꼼하게 고려하는 숙련된 와인 생산자가 훌륭한 펫낫을 만들 수 있다.

색이 뿌연 것도 펫낫의 특징이다. 발효가 끝난 후 효모를 제거하지 않으므로 완성된 후에도 침전물처럼 일부가 남는다(오히려 이런 상태를 더 선호하는 생산자도 있다). 병을 개봉한 후에 생기는 기포도 크기는 크지만 소리는 작아서, 개봉하는 병마다 차이는 있지만 자글자글 올라오는 기포의 소리가 활발하면서도 다소 느긋하고 조용한 편이다.

펫낫은 값비싼 장비가 없어도 만들 수 있고 생산지와 포도의 종류에 제한이 없으므로, 원한다면 누구나 한번 만들어볼 수 있다는 유연성 덕분에 큰 인기를 누린다. 우리 애주가들에게는 반가운 일이다. 언젠가 펫낫을 즐길 기회가 생긴다면, 와인의 세계에서 가장 엉뚱하고 개성 있는 종류라는 사실을 꼭 기억하기 바란다.

포트 vs 마데이라 vs 셰리

포트, 마데이라, 셰리는 모두 성분이 강화된 와인이다. 즉 와인에 증류주를 첨가해서 알코올 도수와 함께 안정성을 높인 술이다. 세 가지 강화 와인 모두에는 증류주 중에서도 브랜디(139쪽 참고)를 첨가한다.

포트port는 포르투갈 도루 계곡에서 탄생했다. 포트에 들어가는 와인은 이 지역에서 재배되는 80종 이상의 포도 중 하나로 만든다. 와인의 발효가 완료되기 전에 숙성되지 않은 브랜디를 섞어서, 효모가 당을 전부 삼키기 전에 발효를 중단시킨다. 그 결과 달콤하고 향이 진한, 저녁 식사 후 홀짝이기에 딱 좋은 술이 완성된다.

포트는 크게 네 종류가 있다. 가장 비싼 빈티지 포트는 단일 연도에 생산된 포도만 써야 하며, 포르투갈 포트와인연구소가 정한 요건을 충족한 '합격품' 자격은 유효기간이 딱 1년이다. 생산 후 2년 내에 병에 담아야 하고, 최소 50년 이상 숙성된 것이 최고로 꼽힌다. 토니 포트는 여러 해에 생산된 포도를 섞어 만들고 나무통에서 최대 40년까지 숙성시킨다. 이렇게 숙성되는 동안 견과류 향이 배고 산화가 일어난다. 선홍색인 루비 포트는 품질이 낮은 와인으로 만든다. 나무통에서 2년간 숙성한 후 과일 향이 아직 남았을 때 병에 담는다.

네 번째 화이트 포트는 청포도로 만든다. 다른 세 종류보다 드라이한 편인데, 포트는 드라이할수록 더 오랫동안 발효시킬 수 있다.

마데이라madeira는 대항해 시대에 유럽에서 출발한 배들이 '신세계'에 진입하기 전 마지막으로 정박하던 포르투갈 마데이라 제도에서 처음 만들어졌다. 이곳 섬에서 생산된 와인은 큰 나무통에 담겨 출항하는 배에 실리곤 했는데, 문제가 있었다. 와인은 원래 너무 쉽게 상하는 술인데, 투과성이 있는 나무통에 담겨 출렁대는 바다 위에서 심지어 뜨거운 햇볕에 달궈지면 더더욱 잘 상할 수밖에 없었다. 그래서 와인 생산자들은 도루 계곡의 동료들이 쓴다는 전략에서 힌트를 얻어 와인에 브랜디를 섞기 시작했다. 그러자 배 위에서 온도가 높아지고, 흔들리고, 산소에 노출되어 맛이 더 좋아졌다. 그렇다고 술을 맛있게 숙성하려는 목적 하나로 배를 띄우자니 비용이 너무 많이 들어서 다시 고민에 빠진 생산자들은, 햇볕이 내리쬐는 곳이나 온도가 높은 다락처럼 항해 중인 배와 최대한 비슷한 환경에 나무통을 얼마간 두었다. 그 결과 잘 상하지 않으면서, 아메리카 대륙까지 머나먼 항해 길에도 맛이 달라질 염려가 없는 술이 탄생했다.

마데이라는 달콤한 종류와 드라이한 종류가 있다. 발효 중에 숙성되지 않은 브랜디를 섞으면 달콤한 마데이라가 되고, 발효가 다 끝난 후 숙성되지 않은 브랜디를 첨가하면 드라이한 마데이라가 된다. 마데이라 중에서도 특히 달콤하고 깊은 맛이 나는 '맘지'는 지금까지도 유일하게 햇볕 아래에서 숙성한다. 그 외에 나머지는 스토브로 열을 가하여 만든다. 맘지와 같은 마데이라는 디저트에 곁들이면 가장 좋고, 가벼운 마데이라는 식전주로 적합하다.

셰리sherry는 포르투갈이 아닌 스페인, 구체적으로는 안달루시아 지역의 마을 세 곳에서 탄생한 술이다. 지금은 세계 곳곳에서 생산된다. 재료로 쓰이는 와인의 종류, 생산지, 숙성 기간에 따라 색이 연한 종류, 드라이한 종류, 달콤한 종류, 맛이 진한 종류까지 다양하다. 셰리에 들어가는 와인이 발효되면 표면에 플로르flor라고 불리는 효모 막이 형성되어 내용물이 상하지 않도록 보호하는 동시에 독특한 견과류의 풍미를 부여한다. 발효가 끝나면 알코올 도수가 높은 브랜디를 섞어서 나무통에 담는다. 그리고 숙성 기간이 짧은 와인에 더 오래 숙성된 와인을 섞어서 일정한 결과물을 얻는 솔레라solera 시스템으로 숙성한다.

가장 유명한 셰리는 피노, 아몬티야도, 올로로소 세 종류다. 피노는 플로르가 보존되어 맛이 굉장히 섬세하고 드라이하며, 독특한 짠맛이 난다. 플로르가 유지되지 않는 셰리인 아몬티야도는 색과 맛이 더 진하고 깊다. 통 속에서 공기에 노출되어 견과류의 풍미도 더 강하다. 올로로소 셰리는 산화를 촉진하기 위해 플로르를 인위적으로 없애고 피노나 아몬티야도보다 더 오래 숙성해서 만든다. 다른 종류보다 달콤하고 색이 진하며 대체로 가격도 더 비싸다. 차게 마시기보다 실온일 때 마시는 것이 좋다.

ALCOHOL

럼 vs 럼 아그리콜

럼rum은 사탕수수로 만든 술을 포괄적으로 아우르는 이름이다. 당밀, 갓 압착한 사탕수수 즙, 또는 사탕수수 시럽으로 만든 술이 모두 포함된다. 『미한의 바텐더 매뉴얼』에서는 럼을 특성이 가장 다양한 술이라고 설명한다. “투명한 것, 호박색을 띠는 것도 있고, 시커먼 종류도 있다. 맛도 거의 무맛에 가까운 것부터, 자극적이고 한 모금만 마셔도 머리가 핑 돌 만큼 도수가 높은 종류까지 다양하다.” 사탕수수를 재배하는 열대 또는 아열대 지역 어디에서나 여러 종류의 럼을 맛볼 수 있다.

짧게 **럼**rhum으로 불리기도 하는 **럼 아그리콜**rhum agricole은 프랑스령 섬인 마르티니크에서도 지정된 23개 지역에서 재배된 사탕수수로 만든 럼을 가리킨다. 다른 럼에 비해 가볍고, 독특한 풀 향이 느껴지며, 단맛이 덜하다. 시럽이나 당밀은 럼 아그리콜의 재료로 허용되지 않으며, 오직 갓 압착한 사탕수수 즙만 사용할 수 있다. 이를 고유한 효모로 발효시킨 후 칼럼 증류기로 증류하면 알코올 도수가 65~75도인 술이 된다. 이것을 오크통으로 옮겨 숙성시킨 후 40도로 희석해서 병에 담는다.

오크통에서 3개월간 숙성된 것을 럼 블랑, 숙성 기간이 1년 미만인 옅은 호박색의 럼 아그리콜을 럼 파유, 최대 650리터짜리 통에서 최소 3년 이상 숙성시킨 것을 럼 비유라고 한다.

그 밖에 럼과 관련된 재미있는 정보

- 『미한의 바텐더 매뉴얼』에 따르면 럼 아그리콜은 19세기 초 나폴레옹 전쟁 시기에 유명해졌다. 프랑스에서 사탕무 설탕이 정부 보조금에 힘입어 사탕수수 설탕의 자리를 차지하자, 마르티니크의 수많은 사탕수수 생산 농민은 설탕 시장을 잃고 말았다. 거기다 럼 생산에 필요한 당밀까지 줄자, 갓 짜낸 사탕수수 즙으로 럼을 만들어보기로 했고 그 결과 지금 우리가 아는 럼 아그리콜이 탄생했다.
- 럼의 색깔만 보고 숙성 기간을 파악하기란 거의 불가능하다. 숙성 기간이 짧은 것과 오래된 것 모두 캐러멜 색을 띨 수 있다. 오래 숙성해서 진한 갈색을 띠는 럼은 배치batch마다 색이 균일하다(한 번에 동일하게 처리되는 원재료의 특정한 양을 '배치'라고 한다 — 옮긴이). 화이트 럼은 풍미를 더하기 위해 통에서 숙성시킨 뒤 활성탄소로 걸러서 색을 제거한 것이다.
- 북미 대륙 최초의 럼 증류소는 1664년 현재의 뉴욕 스태튼섬에 설립됐다. 열대 기후와는 상당히 거리가 먼 입지였다.

메즈칼 vs 테킬라

스카치가 위스키의 한 종류이고(132쪽 참고) 코냑이 브랜디에 속하는 것(139쪽 참고)처럼, **테킬라**tequila는 **메즈칼**mezcal의 한 종류다. 그럼 테킬라가 메즈칼에 속하는 다른 술과 어떻게 다른지, 왜 사람들은 유독 이 두 가지를 혼동하는지 살펴보자.

무엇으로 만들어질까

메즈칼과 테킬라는 둘 다 용설란으로 만든다. 뾰족한 잎을 보면 꼭 선인장 같지만 아스파라거스에 더 가까운 다육 식물이다. 메즈칼은 30종 이상의 용설란으로 만들지만 테킬라는 딱 하나, 블루 웨버 용설란blue Weber agave(학명 *Agave tequilana* Weber var. azul)으로만 만든다.

어디서 만들어질까

테킬라는 멕시코에서도 할리스코, 과나후아토, 타마울리파스, 나야리트, 미초아칸 주에서만 생산이 허용된다. '메즈칼'이라는 명칭은 원래 용설란으로 만든 모든 증류주를 가리키지만, 증류주 전문가이자 저술가인 짐 미한에 따르면 멕시코 오악사카와 다른 8개 주에서 생산된 용설란 증류주를 보통 메즈칼이라 부른다.

어떻게 만들까

용설란은 길이가 2.7미터 이상 자라기도 하는 뾰족한 잎이 단연 눈길을 사로잡는다. 그러나 테킬라와 메즈칼을 만드는 데에 중요한 부분은 피냐piña라고 하는 줄기다. 먼저 피냐를 수확한 후 섬유질이 연해지고 전분이 당으로 바뀌도록 익힌다. 테킬라를 만들 때는 오븐을 이용해 피냐를 증기로 익히지만, 메즈칼을 만들 때는 땅에 구덩이를 파고 뜨거운 돌 위에 피냐를 올려놓은 다음 짚을 덮어서 굽는다. 다 익은 피냐는 기계나 넓은 칼(마체테), 또는 노새나 당나귀가 끄는 타호나tahona라는 거대한 돌 바퀴로 부순다. 이렇게 얻은 과육은 야생 효모나 배양한 효모로 발효시킨 후 증류해서 바로 병에 담거나 통에 담아 숙성시킨다.

무슨 맛이 날까

메즈칼의 가장 뚜렷한 특징은 땅속에서 피냐를 굽는 동안 생기는 스모키한 향이다. 이 향 외에는 테킬라와 뚜렷하게 구분되는 점을 정확히 묘사하기가 쉽지 않다. 존 데버리는 저서 『원하는 걸 마셔요』에서 같은 테킬라여도 맛이 천차만별이라고 설명한다. 와인처럼 식물이 자라는 환경이 최종 제품에 큰 영향을 준다는 것이다. 달콤하고 가벼우면서 과일 향이 날 수도 있고 흙이나 광물, 견과류, 고구마의 향이 느껴질 수도 있다.

라벨에는 어떤 정보가 들어갈까

테킬라와 메즈칼은 둘 다 통에서 숙성된 기간이 라벨에 명시된다. 숙성 기간이 길수록 향과 색 모두 캐러멜에 가까워지고 담겨 있던

통의 나무 종류에 따라 고유한 향이 살짝 느껴진다.

테킬라는 숙성 기간별로 아래와 같이 나뉜다.

블랑코 또는 실버: 0~2개월

레포사도: 3개월~1년

아녜호: 1~3년

슈퍼 아녜호: 3년 이상

메즈칼은 다음과 같이 분류된다.

호벤: 0~2개월

레포사도: 3개월~1년

아녜호: 1년 이상

아페롤 vs 캄파리 vs 치나르

아페롤, 캄파리, 치나르는 모두 이탈리아의 식전주(아페리티프), 즉 식사 전에 식욕을 돋우기 위해 마시는 가벼운 알코올음료다. 향신료, 허브, 식물의 뿌리로 만드는 씁쓸한 리큐어(135쪽 참고)인 아마리(아마로amaro의 복수형)에 해당한다는 것도 공통점이다. 대부분의 아마리에는 용담, 약쑥, 안젤리카 뿌리를 비롯해 마녀가 휘휘 젓는 큰 솥에 들어갈 법한 수상한 이름의 식물 재료가 30종 이상 들어간다.

아마리의 역사는 수도승들이 인근에서 구할 수 있는 식물로 약효가 있는 물질을 만들던 중세 시대까지 거슬러 올라간다. 그러한 물질이 리큐어의 형태로 등장한 시기는 19세기로 추정된다. 요리책 저술가 케이티 팔라는 저서 『펀치』에서, 1920년대 이탈리아 사람들 사이에 아마리를 마시는 것이 '애국 행위'로 여겨졌다고 전한다. 1980년대까지만 해도 아마리는 지역마다 특색이 뚜렷했다. 출신 지역에 따라 좋아하는 종류가 다를 정도였다. 이제는 대형 산업으로 발전하여 캄파리 그룹Gruppo Campari이라는 업체가 여러 아마리 중에서도 아페롤과 캄파리, 치나르를 생산한다.

식전주로 쓰이는 리큐어는 두 가지로 나눌 수 있다. '아페리티보aperitivo'와 '비터bitter'다(이쯤되면 이름이 헷갈리기 시작한다). 아페리티보는 비터보다 단맛이 강하고 알코올 함량은 절반 수준이다. **아페롤aperol**은 유명한 아페리티보 중 하나이며 칵테일로도 마실 수 있다.

붉은 주황색이 특징인 아페롤에는 오렌지와 광귤, 대황, 용담, 키나피가 들어가서 씁쓸한 허브 맛과 함께 과일 향이 또렷하게 느껴진다. 알코올 도수는 11퍼센트로 캄파리와 치나르보다 낮다.

캄파리campari는 비터로 분류되는 식전주 중에서 가장 유명한 종류이자 네그로니(진과 포도주로 만드는 술인 베르무트, 캄파리를 동일한 비율로 섞어서 만드는 칵테일—옮긴이)의 재료로도 잘 알려져 있다. 2006년까지는 캄파리 특유의 밝은 붉은색을 낼 때 연지벌레라는 작은 벌레를 건조시켜서 분쇄한 염료를 사용했다(지금은 인공 염료가 쓰인다). 캄파리는 쓴맛과 알코올 함량이 모두 아페롤보다 강력하다. 도수는 판매되는 지역에 따라 20.5퍼센트에서 28퍼센트까지 다양하다. 오렌지, 대황, 인삼, 그리고 종류가 불분명한 '허브'로 만든다. 제조사가 공식적으로 공개한 성분은 알코올과 물밖에 없다.

뒷부분에 강세가 오도록 치'나르'라고 발음해야 하는 **치나르**cynar는 알코올 도수가 16.5퍼센트에 아티초크로 만드는 짙은 색 아마로다. 명칭도 시나라 스콜리무스*Cynara scolymus*라는 아티초크의 학명에서 나왔다. 그 밖에 공개되지 않은 12가지 다른 허브도 재료로 사용된다. 씁쓸한 맛과 함께 풀 냄새가 살짝 느껴지는 이 리큐어는 캐러멜처럼 달콤해서 마시면 입에 착 달라붙는다. 다음에 네그로니 칵테일을 마실 일이 생기면 캄파리 대신 치나르를 넣어달라고 해보자. 아마 두 번 다시 다른 네그로니는 마실 수 없게 될 것이다.

위스키Whiskey vs 위스키Whisky vs 테킬라 vs 스카치위스키 vs 버번위스키 vs 호밀 위스키

위스키는 옥수수, 보리, 호밀, 밀 등 곡류로 만든 광범위한 술의 명칭이다. 생산 과정은 다음과 같다.

1. 곡물을 으깨고
2. 물을 넣어 일종의 '반죽'을 만든 다음
3. 이 혼합물을 끓여서 식히고
4. 당을 먹고 알코올을 만들 효모를 추가한 후
5. 발효된 액체('워시wash'라고 한다)만 걸러내서 증류기로 옮겨 증류한다. 즉 워시에 열을 가해서 발생하는 증기를 수집한 후 그 증기를 냉각시켜 다시 액체로 만든다.
6. 이 액체를 대개 오크로 만드는 나무통에 담아서 숙성시킨다.

영어에서 whiskey와 whisky의 쓰임은 위스키가 만들어지는 장소에 좌우된다. 미국과 아일랜드에서는 'whiskey'를 쓰고, 스코틀랜드와 캐나다, 일본에서는 'whisky'를 쓴다. **스카치위스키, 버번위스키, 호밀 위스키**의 차이점은 사용된 곡물의 종류와 발효 과정, 생산지다.

스카치위스키scotch whisky(여기서는 e가 없어야 한다!)는 냄새만 맡아도 구분할 수 있을 정도로 특유의 스모키한 향이 난다. 일반적으로

스카치위스키는 맥아 보리(싹이 날 때까지 물에 담가둔 보리)에 '토탄'이라 불리는 땔감으로 열을 가해서 만든다. 토탄은 습지에서 주로 발견되는, 일부가 썩고 구멍이 숭숭 뚫린 식물로 된 석탄이며, 이것을 태울 때 나오는 연기가 스카치위스키의 고유한 향을 만든다. 또한 토탄이 어떤 식물로 구성되느냐에 따라(이끼가 더 많은지, 나무가 더 많은지 등) 위스키에도 독특한 특징이 생긴다. 생산과 병에 담는 모든 공정이 스코틀랜드에서 이루어지고 오크통에서 최소 3년 이상 숙성된 위스키에만 스카치위스키라는 이름을 붙일 수 있다.

싱글 몰트 스카치는 100퍼센트 보리만 들어가고 1년 중 한 계절에 증류소 한 곳에서 생산된 스카치위스키를 의미한다. 이와 달리 블렌디드 스카치에는 제각기 다른 증류소에서 생산된 위스키와 곡물이 섞여 있다. 스코틀랜드에서도 고지대에서 생산된 맥아가 균형이 가장 잘 잡힌 재료로 여겨지며, 저지대에서 생산된 맥아일수록 가볍다고 평가된다. 스코틀랜드 서해안의 섬 아일레이의 맥아가 맛이 가장 강하다.

버번위스키bourbon whiskey는 곡물을 으깨서 만드는 반죽에 옥수수가 최소 51퍼센트 들어간다. 미국 켄터키주에서 처음 탄생한 이 위스키는 발효가 끝난 반죽을 일부 섞는 '사워 매시sour mash'라는 방식이 활용된다. 법률상 미국에서 생산된 위스키에만 버번위스키라는 명칭을 붙일 수 있다.

호밀 위스키rye whiskey는 호밀로 만든다. 미국에서는 반죽의 최소 51퍼센트가 호밀이어야 한다는 기준이 있지만, 캐나다는 호밀의 최소 함량 기준이 없다. 버번이나 스카치 위스키보다 떫은맛이 강해서 칵테일에 잘 어울린다.

어떤 위스키를 선택하든, 수많은 주류 전문가가 물을 조금 섞어서 마시는 것이 좋다고 권장한다. 물에 희석되면 알코올로 감각이 멍해지는 영향이 상쇄되어 위스키의 향과 맛을 충분히 느낄 수 있다.

증류주 vs 리큐어

증류주liquor는 증류해서 만든 모든 주류를 지칭하는 일반명이다. 보드카, 테킬라(127쪽 참고), 브랜디(139쪽 참고), 위스키(132쪽 참고)가 모두 포함된다. 한마디로 그냥 술을 의미한다.

그런데 '증류'는 무슨 뜻일까? 액체를 끓는점까지 가열한 다음 증기를 모아서 그 액체의 여러 구성 성분을 분리하는 것을 말한다. 이렇게 모은 증기를 식힌 액체에는 끓이기 전 액체에 들어 있던 성분이 정제되거나 농축된다. 증류에 사용되는 기구를 증류기라고 한다.

증류기는 단식 증류기와 연속식 증류기 두 종류가 있다. 단식 증류기는 전체가 구리로 이루어지거나 내벽이 구리로 처리된, 바닥이 둥글고 위로 갈수록 점점 좁아지는 솥, 그리고 이 솥과 연결된 구리관으로 구성된다. 이 구리관은 냉각기(나선형 냉각관)와 연결된다. 발효가 끝난 액체가 솥에서 끓으면 증기가 냉각기로 이동해 식으면서 '증류'가 일어난다. 그러면 처음에 끓인 것보다 알코올 농도가 더 높은 물질이 된다. 술의 종류에 따라 이 과정을 여러 번 거치며, 그러면서 알코올 도수나 풍미가 다양하게 바뀐다. 예를 들어 코냑(139쪽 참고)과 스카치(132쪽 참고)는 이 같은 증류 과정을 두 번 거친다.

연속식 증류기에는 일자로 곧은 기둥column이 사용된다(그래서 '칼럼 증류기'로도 불린다). 기둥 내부는 판이 여러 층으로 설치되어 있고 각각의 판은 바로 아래에 있는 것보다 온도가 조금 더 낮다. 증류하려는 발효된 액체가 기둥의 중간 정도 높이에서 유입되면, 중력의 작용으로 각 판을 거쳐서 아래로 떨어진다. 이때 기둥 아래쪽에서 증기가 강하게 공급되면서 증발이 일어난다. 기화한 물질은 판을 통과하면서 위쪽으로 이동하고 곧바로 냉각되었다가 다시 증기가 된다. 액체에서 기체가 되었다가 다시 액체를 거쳐 기체가 되는 것이다. 이러한 상태 전환이 한 번 일어날 때마다 불순물과 무거운 물질을 제외한 순수한 성분만 남게 되므로, 기둥을 따라 위로 올라갈수록 술의 '순도'가 점점 높아진다(그리고 알코올의 양도 늘어난다). 이렇게 만들어진 물질이 정해진 기준에 도달하면 증기를 모두 냉각기로 옮겨서 액체로 만든다. 연속식 증류는 기둥 내부로 들어오는 재료와 완성되어 배출되는 산물이 끊임없이 흐르는 방식이므로, 한꺼번에 훨씬 더 많은 물질을 증류할 수 있어서 단식 증류로는 불가능한 대량생산이 가능하다.

리큐어liqueur는 증류주에 설탕을 첨가하여 단맛을 내고 과일, 허브, 향신료, 견과류, 꽃, 잎, 씨앗, 나무껍질, 뿌리 등으로 향을 더한 술이다. 아페롤, 캄파리, 치나르(130쪽 참고), 트리플 섹, 쿠앵트로, 아마레토, 퀴라소 등 종류가 무궁무진하다. 해럴드 맥기는 저서 『음식과 요리』에서 리큐어는 알코올 조성상 훌륭한 용해제(물질을 용해하는 액체)라고 설명했다. 리큐어에 고체 성분을 섞으면 그 성분의 풍미가 유지된다는 의미다. 리큐어는 대부분 특징 없는 알코올이 기본 재료로 쓰이지만 브랜디나 위스키가 사용되기도 한다. 예를 들어 그랑 마니에르라는 리큐어는 코냑과 오렌지 껍질이 재료로 사용되고, 서던 컴포트 버번은 복숭아즙으로 만든 브랜디와 복숭아로 만든다.

리큐어는 기본 재료인 증류주에 침출, 삼출, 증류 방식으로 특별

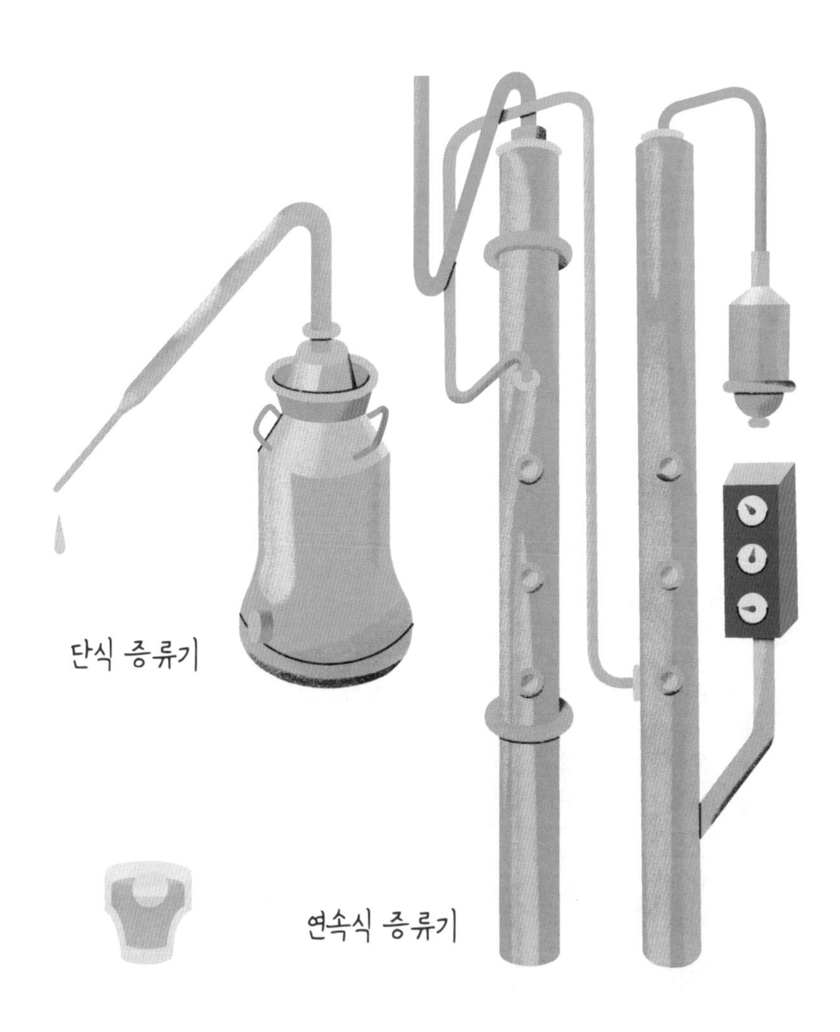
단식 증류기
연속식 증류기

한 풍미를 더해서 만든다. 침출은 우려내는 것을 멋지게 표현한 용어다. 증류주에 과일, 허브, 또는 무엇이든 담가두었다가 병에 담기 전 걸러내면 된다. 삼출은 좁은 관이 연결된 용기에 증류주와 재료를 모두 담고 액체만 그 통로로 빠져나오도록 하는 방식이다. 증류의 경우 기본 증류주와 추가 재료를 한꺼번에 넣고 위에서 설명한 증류 과정을 진행한다. 『미한의 바텐더 매뉴얼』에는 증류를 하면 고수 씨앗(201쪽 참고)에 담긴 감귤류의 향이나 약쑥에 포함된 허브의 특징 등 각 재료의 미세한 풍미를 더욱 확실하게 추출할 수 있다는 설명이 나온다.

리큐어의 알코올 도수는 보통 15~40도이고 대부분 리터당 설탕이 최소 100그램 들어간다. 크렘 드 카시스(블랙커런트로 맛과 향을 낸 검붉은 색 리큐어—옮긴이)는 예외적으로 설탕이 리터당 최소 400그램 함유되어 있다.

코냑 vs 아르마냑

코냑cognac과 아르마냑armagnac은 모두 과일즙을 발효해서 만드는 증류주인 브랜디다. 보통 포도즙을 발효해서 (즉 와인으로) 만들지만 사과(칼바도스라는 브랜디), 나무 열매(슈냅스라는 브랜디) 등 다른 재료가 사용되기도 한다. 코냑과 아르마냑은 둘 다 와인으로 만든다.

어디서 나올까

코냑은 프랑스 코냐크 지역에서, 아르마냑은 아르마냐크 지역에서 탄생했다. 이름에 차이점이 그대로 담긴 셈이다. 코냐크와 아르마냐크는 모두 프랑스 서부에 자리하지만, 코냐크는 대서양에 접한 반면 코냐크에서 남동쪽으로 약 240킬로미터 떨어진 아르마냐크는 주변이 온통 육지다.

무엇으로 만들어질까

알리자 켈러먼은 '바인페어'라는 사이트(와인을 비롯한 주류 정보를 제공하는 온라인 플랫폼—옮긴이)에서 "코냑과 아르마냑은 둘 다 도저히 마실 수 없는, 충격적일 만큼 맛없는 와인으로 만든다"라고 밝혔다. 코냑에는 위니 블랑Ugni Blanc 포도만 사용되는 반면, 아르마냑에는 위니 블랑과 함께 폴 블랑슈Folle Blanche, 콜롱바Colombard, 바코 블랑Baco Blanc 포도도 재료로 사용된다.

어떻게 만들까

코냑은 단식 증류기에서 두 차례 증류하여 만든다. 아르마냑은 이와 달리 칼럼 증류기에서 한 번 증류한다(135쪽에 증류에 관한 더 자세한 정보가 나온다). 태미 테클레마리암Tammie Teclemariam은 잡지 《와인 인수지애스트Wine Enthusiast》에 기고한 글에서, 먼 옛날에는 농부들이 집집마다 증류 장치를 구비하지 않아도 아르마냑을 마실 수 있었다고 전했다. 아르마냑을 증류하는 사람들이 이동식 증류기를 여러 지역에 끌고 다니면서 직접 찾아와 와인을 증류하여 브랜디로 만들어주었다고 한다. 증류가 끝난 아르마냑은 알코올 도수가 52~60도에 이른다. 캐스크 스트렝스cask strength로 불리는 이 원액은 다른 술과 혼합하거나 원액 그대로 포장한다. 그 외에는 45~47도 정도로 희석해서 판매한다. 증류가 완료된 코냑은 알코올 도수가 약 70도이고, 포장되는 제품은 40도쯤 된다.

어떻게 숙성될까

재료로 쓰이는 포도와 테루아르terroir(토양, 풍토를 뜻하는 프랑스어. 와인의 재료인 포도를 재배할 때 영향을 주는 모든 환경 요소를 의미한다—옮긴이), 증류도 중요하지만, 『미한의 바텐더 매뉴얼』을 쓴 저술가 짐 미한에 따르면 "이러한 증류주는 통에서 장기간 숙성되는 동안 대부분의 특징이 만들어진다." 일반적으로 코냑은 리무쟁Limousin 또는 트롱세Tronçais 오크로 만든 통에서 숙성된다. 아르마냑은 몽레죈Monlezun이라는 검은색 오크로 만든 통에서 숙성되는데, 이 오크통은 코냑 숙성에 사용되는 통과 비교할 때 내용물에 더 강한 풍미를 불어넣고 숙성 시간이 빠르다. 코냑과 아르마냑은 모두 빈티지로, 즉 생산 연도를 표시해서 판매하거나, 숙성 기간이 짧은 것에 훨씬 더 오래 숙성된 브랜디를 소량 섞은 혼합주로 판매한다.

무슨 맛일까

코냑은 대체로 아르마냑보다 맛이 부드럽고 순하다. 아르마냑은 증류 과정을 한 번만 거치므로 맛이 더 풍부하고 복합적이며 선명하다. 존 데버리는 『원하는 걸 마셔요』에서 아르마냑을, 칵테일을 만들 때 위스키 대신 넣을 수 있다고 소개했다.

라벨에는 어떤 정보가 들어갈까

코냑

V.S.(아주 특별한 등급Very special): 숙성 기간이 가장 짧다. 최소 2년 이상 숙성된 제품에 붙인다

V.S.O.P.(굉장히 오래된 등급Very superior old pale): 최소 4년 이상 숙성된 제품

나폴레옹Napoleon: 최소 6년 이상 숙성된 제품

X.O.(극히 오래된 등급Extra old): 최소 10년 이상 숙성된 제품

아르마냑

V.S.: 숙성 기간이 가장 짧다. 최소 1년 이상 숙성된 제품

V.S.O.P.: 최소 4년 이상 숙성된 제품

X.O.: 최소 10년 이상 숙성된 제품

아르마냑의 향과 맛을 음미하는 방법

이 글을 쓰기 위해 조사를 하던 중, 나는 양질의 아르마냑을 충분히 즐기는 가장 좋은 방법을 제안한 자료마다 표현이 너무 복잡하고 화려하다는 사실을 알게 됐다. 오래전 《뉴욕》 잡지에 실린 와인 가이드 일부를 발췌하는 것으로 대신하니 여러분도 잘 읽어보기 바란다.

> 신에게 바치던 가장 섬세한 이 술의 향미를 제대로 느끼는 것, 그것이 중요한 첫 단계다. … 잔을 가슴께로 들고, 서서히 퍼지는 섬세한 향을 느껴보라. 1분쯤 지나면 바닐라, 토피, 누가, 후추, 장미, 초콜릿의 진한 향에 흠뻑 취할 것이다. …
>
> 이제 잔에 손가락 하나를 슬며시 집어넣어 술을 살짝 묻혀서 손등에 떨어뜨려보자. 향수를 테스트할 때와 같은 방법으로 하면 된다. 술이 피부에 닿으면 체온으로 인해 알코올이 증발하고, 아르마냑의 정수인 향기만 남는다. 1분쯤 두었다가 코를 가까이 대고 향을 맡아보자. 살구, 자두, 무화과 등 과일을 말린 향이 선명하게 떠오를 것이다. 버터스카치, 감초, 꽃향기가 느껴질 수도 있다.
>
> 이제 아르마냑을 아주 조금만, 반 티스푼 정도 마셔보자. 혀 주변, 볼, 잇몸에 액체가 모두 닿도록 혀로 굴려보라. 그러면 왜 사람들이 이 술을 그토록 좋아하는지 알 수 있을 것이다.

커피와 음료

COFFEE
& DRINKS

마키아토 vs 카푸치노 vs 코르타도 vs 플랫 화이트 vs 라테

매일 평일 2~3시경, 책상에 묶여 자본주의로 굴러가는 업무를 하던 많은 사람들이 잠시 자리를 박차고 나와, 가격에 거품이 엄청나게 낀 카페인 음료 구매라는 자본주의에 딱 맞는 행위를 함으로써, 아직 남은 자본주의 업무를 좀 더 빨리 끝내기 위해 박차를 가한다. 그런데 커피가 간절한 여러분은 정확히 어떤 커피를 마시고 있는지 아는가?

카푸치노, 라테, 마키아토, 플랫 화이트, 코르타도는 모두 에스프레소와 우유의 비율에 따라 나뉜다. 이때 우유는 다양한 상태로 첨가된다. 스팀으로 열을 가해서 거품이 살짝 생긴 우유가 들어가기도 하고, 단단한 거품으로 만들어서 그 형태가 그대로 유지되도록 음료 위에 올리기도 한다.

커피 중에서 우유가 가장 적게 들어가는 종류는 **마키아토**macchiato다. 에스프레소 샷 하나 또는 두 개 분량(30 또는 60밀리미터)에 우유 거품을 15밀리리터쯤 올려서 만든다. 마키아토라는 이름은 이탈리아어로 '점이 생기다' 또는 '얼룩이 생기다'라는 뜻이고, 그 이름에 맞게 우유를 살짝 얹는 느낌으로 조금만 올려 완성한다.

카푸치노cappuccino는 다양한 용량으로 판매되지만 재료의 비율은 거의 동일하다. 즉 에스프레소가 3분의 1, 스팀으로 가열한 우유가 3분의 1, 우유 거품이 3분의 1을 차지한다. 세 가지가 60밀리리터씩 들어간 180밀리리터가 표준 용량이다. 스타벅스에서 여러분 앞에 선 사람이 벤티 사이즈로 주문하는 소리를 들었다면, 표준 용량이 얼마인지 꼭 알려줘라.

코르타도cortado는 에스프레소 60밀리리터에 스팀으로 가열한 우유를 30~60밀리리터 정도 또는 그보다 조금 더 넣은 커피다. 유리잔에 담아 주는 것도 코르타도의 특징이다. 따라서 음료의 온도가 다른 커피보다 약간 낮다. 머그컵과 달리 유리잔에 담긴 음료를 마시려면 잔 전체를 손으로 잡아야 하기 때문이다. 또한 코르타도는 포장용으로는 판매하지 않으므로 나오자마자 빨리 마셔야 한다. 코르타도를 담는 잔의 이름인 **지브랄타**로 불리기도 한다.

호주와 뉴질랜드에서 인기가 많은 **플랫 화이트**flat white는 에스프레소 60밀리리터에 스팀으로 가열한 우유를 취향에 따라 30~120밀리리터 정도 넣은 커피다. 다른 커피와의 중요한 차이점은 우유 거품에 있다. 플랫 화이트에는 더 부드럽고 벨벳 느낌이 나도록 거품을 낸 우유가 들어가므로, 에스프레소 위에 덜렁 올라가 있지 않으며 완전히 잘 섞인다. 커피에 열광하는 괴짜들은 이런 거품을 '마이크로폼microfoam'(미세 거품)이라고 부른다.

라테latte는 우유가 가장 많이 들어가는 커피다. 에스프레소 60밀리리터에 스팀으로 가열한 우유를 180밀리리터에서 600밀리리터까지(!) 넣는다. 표면에 얇은 우유 거품이 덮이지만 그 깊이는 6밀리미터 미만이다. 때로는 이 거품 부분에 하트나 나무, 자화상, 심지어 반

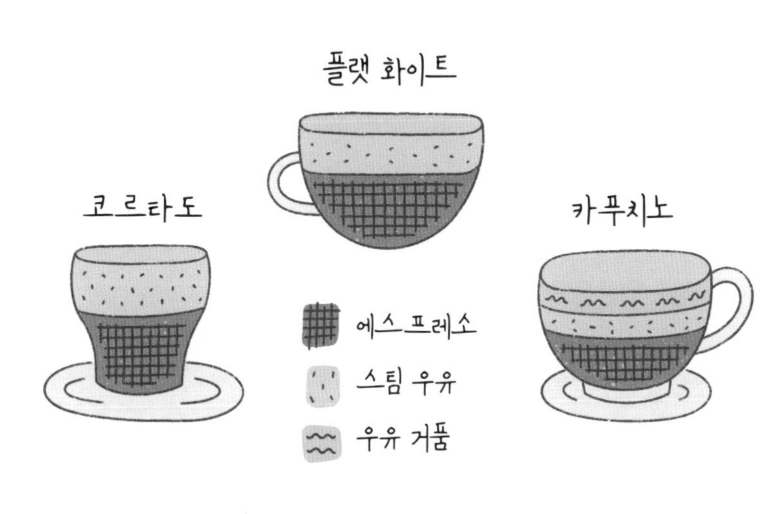
플랫 화이트
코르타도
카푸치노
에스프레소
스팀 우유
우유 거품

라테

마키아토

고흐의 〈별이 빛나는 밤〉 그림 같은 장식이 들어가서, 마시려다가 감탄하게 된다.

아이스커피 vs 콜드 브루

아이스커피iced coffee의 특징은 이름에 다 나와 있다. 즉 뜨겁게 추출한 커피를 얼음 위에 부어서 내는 커피다. 먼저 물을 90도 이상 끓인 다음 커피 가루에 붓는다. 뜨거운 물이 작은 커피 입자를 통과하면서 몇 분 내로 카페인과 함께 향긋한 맛을 내는 물질이 추출된다. 이것을 얼음 위에 부으면 아이스커피가 완성된다.

콜드 브루cold brew는 굵게 분쇄한 커피를 찬물에 12~24시간 정도 담가서 만든다. 충분한 시간이 지난 후 가루를 걸러내고 남은 커피 농축액을 우유나 물, 얼음과 섞어 마신다. 열을 가하지 않으므로 커피의 쓴맛을 내는 산성 물질과 오일 성분이 대부분 추출되지 않아서 더 달콤하고 '부드러운' 커피가 된다.

콜드 브루는 대체로 카페인 함량이 높다. 아이스커피 240밀리리터의 평균 카페인 함량은 95밀리그램인 반면, 용량이 310밀리리터인 스텀프타운Stumptown 콜드 브루 제품을 예로 들면 카페인 함량이 약 279밀리그램에 이른다. 콜드 브루를 만드는 데 들어가는 커피 가루의 양은 동량의 일반 커피에 필요한 양의 두 배 정도다. 원두가 더 많이 들어가고 추출 시간도 길어서 콜드 브루는 일반 커피보다 가격이 비싼 편이다.

그럼 유명 커피 전문점 메뉴판에 기겁할 만한 가격과 함께 떡하니 적혀 있는 **나이트로 콜드 브루**는 뭘까? 케그keg라는 금속 통에 콜드 브루를 담고 미세한 질소 거품을 넣은 커피다. 맛이 깊고 굉장히 차가우며, 표면에 기네스 맥주와 비슷한 거품 막이 형성된다. 전 메뉴를 할인해주는 시간대에 맞춰 가서 한번 마셔보길 권한다.

녹차 vs 말차

자세히 설명하기에 앞서 아주 충격적인 사실부터 밝혀둔다. 차의 원료가 되는 식물은 전부 같은 식물이다! 얼그레이, 아삼, 재스민, 전차, 흔해빠진 립톤에 들어가는 차까지 전부 차나무(학명 *camellia sinensis*)의 잎으로 만든다. 각각의 차이는 잎을 처리하고, 가공하고, 발효하는 방식에서 생긴다.

차나무 잎에 증기를 가하고 돌돌 말린 상태로 건조하여 파릇파릇한 색이 그대로 남도록 가공한 것이 **녹차**green tea다. 발효를 거치지 않으므로, 맛이 강하고 향도 진한 홍차와 달리 신선한 풀의 향이 남아 있으며 쓴맛이 있지만 그리 강하지는 않다.

말차matcha는 녹차의 한 종류로, 일본에서는 12세기에 말차를 중심으로 다도 문화를 형성할 만큼 귀중하게 여겼다(말차가 요즘 들어 유행하기 시작한 줄 알았다면 몇백 년이나 뒤처진 사람이다). 말차는 차나무가 직사광선에 노출되지 않도록 해를 가린 그늘에 20일 동안 두었다가 잎을 수확해서 만든다. 이 과정에서 잎의 엽록소, 그리고 진정 효과가 있는 아미노산인 L-테아닌의 농도가 크게 증가한다. 잎은 손으로 하나하나 딴 다음 증기를 가하고 그대로 말리거나 돌돌 말아서 말린다. 잎을 동그랗게 말아서 건조한 차는 '교쿠로'라는 고급 녹차로 분류된다. 그냥 말린 '전차'의 줄기와 잎맥을 제거한 후 맷돌에 갈면 우리가 말차라고 부르는 가루가 된다.

차 마실 시간이 되면 말차 가루를 물에 섞고, 대나무로 만든 차선이라는 특별한 도구로 저어, 호로록 함께 마시는 거품을 내는 동시에 물속에 가루가 부유하도록 만든다. 완성된 말차를 마셔보면 마치 새파란 녹색을 그릇에 담아서 마시는 듯 신선한 식물의 향과 함께 약간 단맛이 느껴진다. 전통적인 녹차처럼 잎을 물에 담갔다가 제거한 후에 마시는 게 아니라 가루로 만들어서 전부 다 마시므로 비타민과 항산화 성분, 카페인도 그만큼 더 많이 섭취하게 된다.

말차는 등급과 종류가 아주 다양하지만, 크게는 **다도용**과 **요리용**으로 나뉜다는 것을 알아두면 좋다. 다도용 말차는 물이나 뜨겁게 데운 우유에 타서 그대로 마시기 좋고, 더 저렴한 요리용 말차는 빵과 과자를 만들 때 재료로 쓰거나 스무디로 만들어 먹기에 좋다. 말차 특유의 싱그러운 색을 살리거나, 풍부한 비타민을 그대로 얻고 싶지만 말차의 맛까지 전부 느끼고 싶지는 않다면, 그렇게 빵, 과자, 스무디로 먹거나 마시면 된다.

애플사이다 vs 사과주스

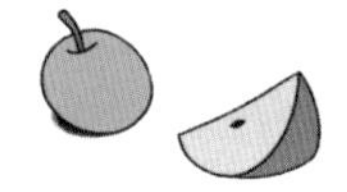

애플사이다apple cider는 심을 제거한 사과를 잘게 썰고 으깬 다음 압착해서 추출한 즙으로 만든다. 이 과정을 거치면 뿌옇고 캐러멜 색이 나는 액체를 얻을 수 있다. 마셔보면 가을날 상쾌한 아침과 플란넬 셔츠, 신나게 놀고 나면 나중에 꼭 엉덩이를 벅벅 긁게 만드는 건초 더미 올라타기가 떠오른다. 애플사이다 제품은 대부분 저온살균 후에 판매되지만, 가끔 지역 과수원이나 농산물 직판장에서 살균되지 않은 제품을 접할 수 있다.

사과주스apple juice는 애플사이다와 똑같은 과정으로 얻은 즙을 여과해서 과육과 침전물을 제거한 것이다. 이렇게 여과한 즙은 저온살균한 후 발효되지 않도록 소르빈산칼륨(보존제)을 넣는다. 설탕이나 옥수수 시럽으로 단맛을 더하기도 한다. 사과즙을 여과하면 애플사이다를 마셨을 때 느껴지는 시큼하면서도 거칠고 묵직한 사과 특유의 미세한 맛이 어느 정도 사라지는 대신, 색이 밝고 투명해진다. 아이들이 즐겨 마시고 동물 모양 크래커와 환상적인 궁합을 자랑하는 주스는 바로 이렇게 만든다.

간단하게 구분할 수 있지 않은가? 하지만 주목할 점이 있다. 미국에는 제품에 두 가지 명칭을 어떻게 구분해서 써야 하는지 밝힌 법적 기준이 없다. 그래서 엄밀히 따져보면 똑같은 제품이 어떤 건 애플사이다로, 또 어떤 건 사과주스로 판매되는 지역이 많다. 회사 기념행사나 베이비샤워(출산일이 가까워졌을 때 또는 아기가 태어난 후 선물을 주고받으며 탄생을 기념하고 축하하는 파티—옮긴이)에 빠짐없이 등장하는 유명한 스파클링 애플사이다의 제조사 마르티넬리도, 자사에서 판매하는 사과주스와 애플사이다 제품의 차이점은 라벨에 적힌 이름뿐이라고 공식 웹 사이트를 통해 인정했다.

유럽의 상황은 전혀 다르다. 유럽에서 '사이다'는 거품이 있고 발효 과정을 거쳐서 알코올이 함유된 사과주를 가리킨다. 미국에서 '하드 사이다(사과 발효주)'로 불리는 바로 그 종류이며, 아이들 점심 도시락에 챙겨 주는 주스와는 전혀 다르다.

탄산수 vs 클럽소다 vs 스파클링 미네랄 워터

가장 기본적인 **탄산수**seltzer부터 살펴보자. 탄산수는 평범한 물에 이산화탄소를 주입한 음료다. 이 상태로는 새하얀 캔버스와 같으므로 보통 다양한 맛을 첨가한 톡 쏘는 음료로 판매된다. 미국에서는 음료수 '라크로와LaCroix'나, 식료품점에서 흔히 볼 수 있으며 라크로와보다 맛이 덜한 '폴란드 스프링Poland Spring' 브랜드 제품의 기본 재료로 쓰인다.

클럽소다club soda도 이산화탄소를 주입한 탄산음료지만 탄산수와 달리 중탄산칼륨과 탄산칼륨을 첨가한다. 이러한 무기질이 첨가되어 탄산수보다 약간 더 짠맛이 나므로 혼합 음료를 만드는 바텐더들이 즐겨 사용한다.

스파클링 미네랄 워터(탄산이 함유된 광천수)sparkling mineral water는 천연 광천수 또는 우물물로 만든다. 따라서 천연 무기질이 그대로 함유되어 있다(각종 염과 황 성분). 무기질 성분으로 천연 탄산이 만들어지기도 하지만, 더욱 짜릿한 맛을 느낄 수 있도록 이산화탄소를 첨가하기도 한다. 무맛에 가까운 탄산수나 클럽소다와 비교해, 수원에 따라 맛이 더 강할 수도 있고 약간 느껴지는 정도에 그치기도 한다.

생강 음료

진저비어 vs 진저에일

진저비어ginger beer 특유의 알싸한 맛을 제대로 느껴본 적 있는가? 모스코 뮬Moscow mule이나 다크 앤드 스토미dark 'n' stormy 칵테일을 마셔봤다면, 또는 다른 것과 섞지 않은 진저비어를 그대로 마셔본 적이 있다면, 배가 아플 때 자판기에서 하나 뽑아 홀짝이는 진저비어와는 맛이 전혀 다르다는 사실을 잘 알 것이다. 어떤 차이가 있을까?

19세기에 영국에서 생겨난 **진저비어**는 생강과 설탕, 물을 섞고 가끔은 레몬도 함께 섞은 다음 '진저비어 식물ginger beer plant'이라 불리던 종균을 넣어 발효시킨 음료다. 당시에는 알코올 도수가 11퍼센트 정도였지만, 오늘날 판매되는 진저비어는 대부분 0.5퍼센트 미만이거나 알코올이 전혀 없다. 또한 종균이 아닌 샴페인 효모(115쪽 참고)를 넣거나 이산화탄소를 주입해서 특유의 거품을 만든다.

진저에일ginger ale은 그보다 100년 정도 더 늦게 미국 사우스캐롤라이나에서 C. R. 메이라는 의사가 발명했다. 『요리사의 필수 요리 사전』에 따르면, 이 의사는 자신을 찾아온 환자들이 그 지역에서 나는 무기질이 풍부한 우물물을 좀 더 수월하게 마실 수 있도록 자메이카 생강을 물에 섞어서 제공했다. 즉 진저에일은 양조나 발효를 거치지 않은 그냥 생강 맛의 청량음료다. 진저비어보다 색이 옅고 단맛이 훨씬 더 강한 편이며, 진저비어 특유의 깊고 강렬한 맛은 느낄 수 없다(하지만 진저에일은 소다크래커와 아주 잘 어울린다).

파스타

PASTA

탈리아텔레 vs 페투치네 vs 파파르델레 vs 링귀네

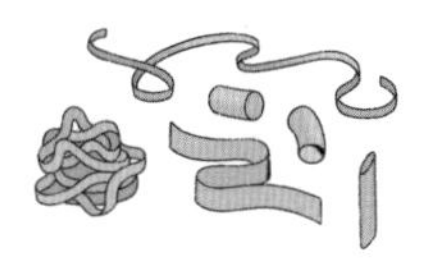

이탈리아인들은 오후가 되면 낮잠을 자고 8월에는 통째로 휴가를 떠나는, 아주 느긋하고 태평한 사람들로 잘 알려져 있다. 하지만 파스타의 세계에서는 그런 태도가 전혀 느껴지지 않는다. 종류별로 파스타의 정의가 매우 엄격하고 지역마다 극히 세세한 부분까지 차이가 있다.

탈리아텔레tagliatelle부터 살펴보자. 탈리아텔레는 페투치네, 링귀네, 파파르델레와 마찬가지로 길고 납작한 면이다. '자르다'라는 뜻의 이탈리아어 동사 '탈리아레tagliare'에서 이름이 유래했고, 실제로 밀가루와 달걀로 만든 반죽을 넓게 편 다음 가늘게 잘라서 만든다(공장에서 대량생산된 제품은 밀가루와 물로 만들기도 하며 새 둥지처럼 둥글게 말린 형태로 판매되는 제품도 있다). 1972년 이탈리아 요리학회 볼로냐 지부 대표단은 시 공증인을 찾아가서 '탈리아텔레 볼로네제 tagliatelle bolognese'라고 부를 수 있는 요리의 공식적인 기준을 등록했다. 다 익힌 면발의 너비가 정확히 8밀리미터여야 한다는 내용이었다. 혹시 볼로냐에 갈 일이 생겼는데 이 기준에 맞는 탈리아텔레를 직접 확인하고 싶다면, 지역 상공회의소에 이 규격에 맞는 노란 탈리아텔레가 표본으로 전시되어 있으니 참고하기 바란다.

지역마다 특색이 강한 파스타도 있지만 탈리아텔레는 이탈리아 전역에서 접할 수 있다. 보통 탈리아텔레는 각 지역의 유명한 소스와 함께 먹는다. 예를 들어 에밀리아로마냐주에서는 라구 소스(이탈리아어로는 알 라구al ragù. 잘게 자른 육류를 토마토나 와인 등 다른 재료와 함께 저온으로 장시간 끓여 만드는 소스—옮긴이), 움브리아주에서는 알 타르투포 비앙코al tartufo bianco(흰 송로버섯과 버터로 만드는 소스—옮긴이)를 주로 곁들인다.

페투치네fettuccine도 반죽에 밀가루, 달걀이 들어간다. 때때로 물을 조금 섞기도 한다. 탈리아텔레와 마찬가지로 반죽을 넓게 민 다음 잘라서 만드는 면이다. 페투치네는 '작은 리본'이라는 뜻이며 보통 면발의 너비가 탈리아텔레보다 2~3밀리미터 더 넓고 두께는 두 배 정도 더 두껍다. 이탈리아 중부와 남부에서는(그리고 쉿, 볼로냐에서도) 탈리아텔레와 페투치네라는 명칭이 구분 없이 사용되기도 한다. 산악 지역에서는 밀가루 대신 밤 가루로 페투치네를 만들기도 한다. 대체로 고기를 넣은 라구 소스에 버무리고 잘게 간 치즈를 뿌려서 먹는다.

파파르델레pappardelle도 탈리아텔레, 페투치네와 만드는 방법은 같지만 면의 두께와 모양이 지역마다 다르다. 이름은 '먹다'라는 뜻의 토스카나 방언 '파파레pappare'에서 유래했다. 지금은 이탈리아 전역에서 접할 수 있지만 원래는 북부와 중부, 특히 에밀리아로마냐, 토스카나, 마르케, 움브리아 주 사람들이 주로 먹던 음식이었다. 페투치네와 마찬가지로 고기가 들어간 라구 소스를 주로 곁들이며 사냥 동물의 고기가 재료로 많이 사용된다.

'작은 혀'라는 뜻의 **링귀네linguine**는 탈리아텔레와 비슷해 보이지만 수제가 아니며 공장에서 대량생산된다. 듀럼밀로 만든 밀가루와 물이 재료이고 달걀은 들어가지 않는다. 또한 완성된 면을 새 둥지 모양으로 말지 않고 납작한 상자에 담아서 판매한다. 이탈리아 전역에서 링귀네를 맛볼 수 있다. 지역마다 다양한 소스와 함께 제공되지만, 리구리아의 페스토 제노베제(생 바질 잎과 마늘, 잣, 파르미지아노 레지아노 치즈, 올리브유로 만드는 소스—옮긴이)와의 조합이 가장 인기가 많다.

면 종류

펜네 vs 지티 vs 리가토니

펜네, 지티, 리가토니는 모양부터가 서로 구분하기 힘들 정도로 비슷하게 생겼다. 모두 속이 빈 원통 모양이고 압출 방식, 즉 반죽을 성형 틀에 밀어넣는 방식으로 원하는 형태를 만든다. 셋 다 듀럼밀과 물로만 만들고, 표면적이 넓어서 고기가 듬뿍 들어간 소스는 물론 더 간소한 재료로 만든 소스와 잘 어우러진다는 것도 공통점이다. 또한 다른 모든 파스타와 마찬가지로 맛이 아주 좋다.

세 가지 파스타가 어떻게 다른지 확인하려면 모눈종이가 필요하다. 『파스타의 기하학』이라는 책에 정확한 규격이 나온다. 이 규격에 따라 각각 고유한 형태를 이룬다.

펜네Penne

길이: 53.8밀리미터

너비: 10.2밀리미터

두께: 1밀리미터

'펜네'는 '깃'을 뜻하는 이탈리아어에서 유래했다. 자세히 보면 왜 이런 이름이 붙여졌는지 바로 알 수 있다. 끝부분을 사선으로 잘라서 깃털과 꼭 닮은 이 파스타는 이런 특징으로 인해 소스가 들어가는 안쪽의 표면적이 넓다. 펜네는 표면이 매끈한 '리셰'와 울퉁불퉁한 '리가테'로 나뉜다. 표면에 굴곡이 있는 쪽이 매끄러운 쪽보다 약간 더 단단하고 소스를 더 흠뻑 머금는다.

지티Ziti

길이: 50.8밀리미터

너비: 10.2밀리미터

두께: 1.25밀리미터

이탈리아 나폴리에서 탄생한 지티는 펜네보다 길이는 무려 3밀리미터나 짧고 두께는 0.25밀리미터나 두꺼우며 표면은 매끄럽다. 끝 부분이 사선이 아닌 직각으로 잘린 모양이므로 굳이 자를 꺼내서 비교하지 않아도 펜네와 쉽게 구분할 수 있다. '지티'라는 명칭은 '신랑' 또는 '약혼자'라는 의미가 있다. 전통적으로 결혼식 날 제공하는 점심 식사에 첫 번째로 나오는 음식이었다. 이름이 비슷한 지티 칸델레(그냥 '칸델레'로도 불린다)는 너비가 두 배나 더 넓고 길이는 세 배가 더 길어서 냄비에 삶을 때 부러뜨려 넣어야 한다.

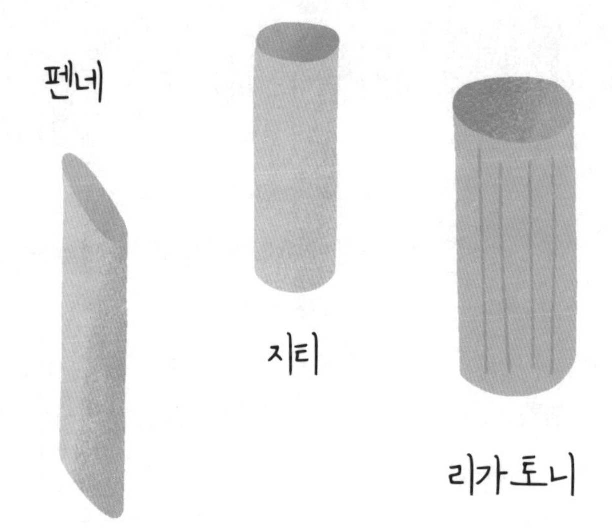
펜네
지티
리가토니

리가토니Rigatoni

길이: 45.7밀리미터

너비: 15.2밀리미터

두께: 1밀리미터

지티, 펜네보다 약간 더 짧고 넓적한 리가토니는 압출 방식에 따라 곧은 모양이나 약간 구부러진 곡선 모양이다. 표면은 울퉁불퉁하고 끝부분은 지티처럼 직각으로 잘린다. '리가토니'라는 이름은 '고랑을 파다' 또는 '줄을 긋다(또는 지배하다)'라는 뜻의 이탈리아어 '리가레rigare'에서 왔다. 실제로 고랑처럼 표면이 울퉁불퉁해서 소스가 잘 스며든다. 맛도 일등이다!

쌀

RICE

바스마티 vs 재스민

장립종인 **바스마티**basmati 쌀과 **재스민**Jasmine 쌀은 휘발성 성분을 굉장히 많이 함유해서 매우 향기롭다.

두 가지 쌀의 차이점을 이야기하기 전에 먼저 전분부터 설명해야 한다. 전분은 아밀로펙틴과 아밀로스라는 두 화합물로 구성된다. 아밀로스는 일직선 형태인 반면 아밀로펙틴은 가지가 많다. 쌀의 여러 종류마다 제각각 다른 특징은 대부분 두 분자가 차지하는 비율에서 비롯된다. 아밀로펙틴 함량이 높은 쌀은 익혔을 때 찰기가 많고, 아밀로스 비율이 높은 쌀은 반대로 부슬부슬하며 단단하다.

인도 아대륙에서 인기가 높은 **바스마티** 쌀은 갓 튀긴 팝콘과 비슷한 향이 난다. 아밀로스 함량이 높아서 익히면 푸슬푸슬하고 알알이 떨어진다. 미국에서는 바스마티의 한 종류로 텍스마티라는 쌀이 재배되고 있지만 원조보다 향이 덜하다.

재스민 쌀은 주로 태국에서 재배되며 동남아시아 지역 음식에 활용된다. 바스마티보다 쌀알의 길이가 약간 짧고 통통한 편이지만 같은 장립종에 속한다. 하지만 다른 장립종 쌀에 비해 아밀로펙틴의 함량이 높아서 전분의 특성이 더 강하게 나타나며 잘 엉기고, 젓가락으로 뜨면 잘 달라붙는다. 바스마티 쌀처럼 팝콘 향이 나는데 생쌀일 때 그 향이 훨씬 더 강하다.

봄바 vs 아르보리오 vs 카르나롤리

리소토나 파에야를 직접 만들어본 사람은 쌀을 잘 골라야 한다는 사실을 알 것이다. 리소토에 들어가는 쌀은 걸쭉하고 크림처럼 부드러운 요리로 완성할 수 있는 종류여야 하고, 파에야에 쓰는 쌀은 갖가지 재료로 맛을 낸 액체를 잘 흡수하면서도 낱알의 식감이 유지되어야 한다.

파에야에 어울리는 쌀로는 **봄바**bomba가 주로 언급된다. 쌀 한 컵이 액체 세 컵을 빨아들일 정도로 흡수력이 우수하고 과도하게 찐득거리지 않는다. 봄바와 그 사촌 격인 **칼라스파라** 쌀은 스페인 남동부 칼라스파라 지역에서 재배된다.

리소토에 들어가는 쌀은 액체에 전분을 공급해서 묵직하고 깊은 맛의 요리로 만들 수 있는 종류여야 한다. 가장 적합한 쌀로는 아르보리오와 카르나롤리 쌀이 꼽힌다. **아르보리오**arborio는 원래 이탈리아에서만 재배됐으나 이제는 미국에서도 재배된다. 중립종에 전분 함량이 높고 흡수율도 높아서 리소토용으로서 갖추어야 할 특징을 모두 지닌 쌀이다. **카르나롤리**carnaroli는 아르보리오보다 전분 함량이 높고 식감도 더욱 단단하다. 리소토에 쓰면 과도하게 익힐 염려 없이 더욱 크림처럼 부드러운 맛을 낼 수 있다. **비아로네 나노**, **발도**, **칼리소** 쌀도 리소토에 잘 어울린다.

아르보리오 쌀은 지금까지 소개한 모든 종류를 통틀어 가장 흔한 쌀이다. 미국에서는 여러 식료품 판매점에서 구입할 수 있다. 그럼 이 쌀을 파에야에 조금 넣으면 안 될까? 그래도 되지만, 스페인산 쌀보다 흡수력이 떨어지므로 액체 재료의 양을 확 줄여야 한다.

재미있는 사실을 하나 소개하면, 음식점에서 리소토를 주문하면 우리가 집에서 직접 만들 때와 같은 광경은 펼쳐지지 않는다. 주문이 들어와서야 재료를 준비하여 끓이고 젓고 불 앞에서 땀을 뻘뻘 흘리며 음식을 조리하지 않는다는 것이다. 리소토는 미리 만들어두기 좋으므로 완성 직전까지 만든 다음 냉장 보관하면 된다. 익힌 전분을 차갑게 식히면 단단해지고 오히려 그대로 끝까지 완성하는 것보다 곡물의 탄성이 높아진다. 냉장 보관해둔 리소토는 먹기 전에 팬에 담아서 가열한 다음 뜨거운 육수를 조금 더 부어서 내면 된다.

쌀 종류

장립종 vs 중립종 vs 단립종

쌀은 전 세계적으로 4만 종 이상 존재할 것으로 추정된다. 그리고 지구상에 살고 있는 전체 인구의 절반 이상이 쌀을 주식으로 삼는다. 일본, 아르헨티나, 태국, 뉴욕의 식탁은 물론 세계 어디를 가든 쌀을 볼 수 있다. 그런데 쌀은 정확히 무엇일까?

쌀은 특정한 종류의 식물에서 열리는 식용 가능한 작은 씨앗으로, 각기 다른 세 시대에 세 대륙에서 재배됐다. 우리가 가장 많이 먹는 쌀은 중국에서 8200~1만 3500년 전에 재배되기 시작한 벼(학명 *Oryza sativa*)에서 생산된다. 두 번째로 아프리카 벼(학명 *Oryza glaberrima*)는 2000~3000년 전 아프리카에서 처음 재배되기 시작해 지금은 종이 유지되는 정도로만 남았다. 마지막으로 브라질에서 재배되던 쌀은 브라질이 유럽 식민지가 된 후 사라졌다.

벼는 두 가지 아종으로 나뉜다. 쌀알이 길쭉하고 가늘며 익혔을 때 수분이 적은 **인디카** 쌀과, 쌀알이 짧고 찰기가 많은 **자포니카** 쌀이다. 인디카는 전분 중에서도 분자의 형태가 곧고 체계적인 아밀로스의 비율이 더 높고, 자포니카는 분자에 가지가 많은 아밀로펙틴의 비율이 더 높다.

장립종Long-Grain Rice

장립종 쌀은 길이가 너비보다 약 3배에서 최대 5배까지 더 길다. 바스마티 쌀과 재스민 쌀(169쪽 참고)이 대표적인 장립종이다. 장립종은 대부분 인디카이며 아밀로스 비율이 높아서 익히면 부슬부슬하고 밥알이 꼬들꼬들하다. 이러한 특징으로 필래프pilaf(쌀이나 으깬 밀에 육수와 고기, 채소를 넣고 만드는 볶음밥—옮긴이), 비리아니biryani(인도 아대륙에서 처음 등장한 볶음밥—옮긴이), 무잣다라mujaddara(렌틸콩과 쌀에 오래 볶은 양파, 허브, 요구르트 등을 끼얹어서 먹는 아랍의 전통 요리—옮긴이)와 같은 요리에 아주 잘 어울린다.

중립종Medium-Grain Rice

대부분이 자포니카인 중립종 쌀은 장립종보다 쌀알이 통통하고 전분 함량이 높다. 쌀알의 너비보다 길이가 2~3배 더 길다. 일반적으로 중립종은 익히면 보슬보슬하고 식히면 약간 덩어리진다. 익힐 때 넣는 물의 양은 장립종보다 적다. 중국, 일본, 한국의 '주식'이며 이탈리아에서는 리소토, 스페인에서는 파에야에 주로 사용된다.

단립종Short-Grain Rice

역시나 자포니카 아종에 속하는 단립종 쌀은 장립종과 중립종보다 전분 함량이 높고 찰기도 더 많다. 쌀알도 더 통통하고 둥글며, 길이는 너비보다 약간 더 긴 편이다. 초밥에 쓰는 쌀과 찹쌀이 단립종에 해당한다. 젓가락이나 손으로 집어서 먹기 쉽고 실온에서도 말랑말랑한 상태가 유지된다. 동남아시아의 코코넛 찰밥, 일본의 모찌, 미국의 쌀 푸딩 등 디저트에 쓰이기도 한다.

조리와 재료

COOKING & INGREDIENTS

끓이기 vs 데치기 vs 삶기 vs 졸이기

요리에서 **끓인다**boiling고 할 때는 크고 굵은 거품이 표면에 계속해서 둥글게 나타나는 상태를 가리킨다. 예를 들어 파스타는 끓여서 익힌다. 파스타 가닥끼리 서로 달라붙지 않도록 물이 이렇게 계속 움직여야 한다.

데치기blanching는 냄비 속 상황이 끓일 때와 동일하지만, '데친다'고 할 때는 끓이기가 끝난 뒤에 음식이 익는 과정을 중단하는 단계가 추가된다. 보통은 끓인 재료를 얼음물에 담그거나 채반에 받쳐서 식히는 단계가 이어진다.

삶기(오래 끓이기)simmering는 그냥 끓일 때보다 약한 열을 사용한다. 그래서 발생하는 거품이 더 작고, 액체의 온도도 더 낮다(물이라면 80~95도 사이). 사민 노스랏은 『소금, 지방, 산, 열』에서 오래 끓일 때는 물이 "탄산수나 맥주, 샴페인을 컵에 막 부었을 때처럼 거품이 이따금씩 부글부글 피어오르는" 상태여야 한다고 설명했다. 고기는 끓이기보다 삶으면 훨씬 더 맛있다. 끓일 때보다 온도가 낮아서 속까지 골고루 익고 질겨지지 않는다. 감자, 비트와 같은 단단한 채소도 삶아서 익히는 것이 좋다. 육수도 약한 불로 오래 끓여야 고기 재료에서 나온 지방과 불순물이 표면에 떠올라서 건져낼 수 있다. 너무 세게 끓이면 떠올랐다가도 다시 아래로 내려가 섞인다.

졸이기poaching, **약한 불에 삶기**coddling는 일반적인 삶기보다 더 낮은 온도에서 익히는 방식이다. 그래서 거품도 더 작고 더 드문드문 나타난다. 사민은 "오래 끓일 때의 물 상태가 샴페인과 비슷하다면, 약한 불에 삶거나 졸일 때의 물은 어젯밤 잔에 따라서 (무슨 이유로든) 깜박 잊고 그냥 놔둔 샴페인과 비슷하다"라고 설명한다. 닭고기, 생선, 달걀 등 깨지고 터지기 쉬운 음식을 익히기에 아주 좋은 요리법이다. 졸일 때는 액체에 재료를 바로 넣어서 익히지만 약한 불로 삶을 때는 재료를 다른 용기에 담아서 익힌다. 예를 들어 수란을 만들 때는 달걀을 깨서 물에 바로 집어넣지만, 삶은 달걀은 껍질 그대로 또는 자그마한 전용 그릇에 깨서 약한 불로 익혀 만든다.

베이킹 vs 로스팅

사람이 하는 말도 그렇고 국가 정책, 숙성된 고급 보르도 와인의 이름이 그런 경우도 있다. 명확한 정의를 일체 거부하고, 이러한 뉘앙스가 눈꽃처럼 제각기 다른 아주 독특한 특징을 표현한다고 생각하는 사람들이 있다. '베이킹baking'과 '로스팅roasting'도 그런 단어다. 아래에 이 두 단어에 관한 일반적인 정보와 이게 왜 잘못됐는지 정리했다.

보편적인 생각 1

베이킹 온도가 로스팅 온도보다 낮다?

물론 '아, 그렇구나' 하고 고개를 끄덕인 다음 넘어가도 되지만, 그러면 전체 그림의 절반만 보게 된다. 보통 베이킹은 섭씨 175도 이하, 로스팅은 175도 이상이라고 알려져 있지만, 이는 175도에서 일어나는 수많은 현상을 전혀 고려하지 않은 설명이다. 파이 크러스트를 굽는 건 분명히 '베이킹'이라고들 하는데, 요리책에 떡하니 굽는 온도가 220도라고 나오기도 한다. 220도면 175도보다 훨씬 더 높은 온도 아닌가. 마찬가지로 연어처럼 지방이 풍부한 단백질 식품을 '천천히 로스팅'하면 끝내주게 맛있다 못해 사람을 미치게 만드는 결과물을 얻는데, 이 조리법은 분명 로스팅에 속하지만 조리 온도는 90~150도다.

보편적인 생각 2

페이스트리, 빵, 캐서롤(속이 깊은 그릇이나 냄비에 담고 구운 요리 — 옮긴이)을 만드는 건 베이킹이고, 고기, 채소를 익히는 건 로스팅이다?

그럼 구운 감자baked potato는 왜 '베이킹'일까?

보편적인 생각 3

베이킹은 조직적이지 않은 재료(쿠키나 케이크 반죽 따위)를 조직적으로 만들고, 로스팅은 조직적인 재료(닭고기, 당근, 소갈비 따위)를 덜 조직적으로 만든다?

여기서 또 궁금해진다. 그럼 구운 감자는?

보편적인 생각 4

로스팅에는 뚜껑이 없는 팬을 사용하지만, 베이킹에는 뚜껑 있는 팬을 사용한다?

나는 지금까지 케이크과 쿠키를 100만 번도 넘게 구웠고 브라우니도 최소 100만 판은 만들었지만, 뚜껑이 있는 팬은 단 한 번도 사용한 적이 없다. 또 한 가지 분명한 사실은, 추수감사절에 칠면조를 구울 때 분명히 다 된 것처럼 보이는데 속은 덜 익은 경우 겉이 너무 타지 않도록 알루미늄 포일을 씌워서 다시 굽는다는 점이다. 그럼 뚜껑을 덮듯 포일을 씌웠으니 칠면조를 로스팅이 아니라 '베이킹'으로 익혔다고 해야 할까? 나는 동의할 수 없다.

보편적인 생각 5

로스팅은 굽기 전에 지방 성분의 재료를 겉에 입히지만 베이킹은 그렇게 하지 않는다?

말도 안 되는 소리지만 어딘가에서 이런 정보를 읽은 적이 있다. 그러니 정말로 그렇다고 생각하는 사람도 있으리라. 쿠키 반죽을 동그랗게 빚어서 굽기 전에, 또는 케이크 반죽을 틀에 채워서 구울 때, 당연히 겉에 올리브유를 바르진 않는다. 하지만 닭 한 마리를 통째로 굽거나 손질한 브로콜리를 팬에 가득 담아서 기름을 바르지 않고 오븐에 구웠다면, 그래서 겉이 타고 맛이 좀 없는 요리가 완성됐다면, '베이킹' 요리라고 할 수 있을까? 그렇지 않다.

소금

식염 vs 코셔 소금 vs 바다 소금

고등학교에서 배운 내용을 상기해보면, 소금은 염화나트륨(NaCl)이다. 즉 주기율표에 11번째로 올라가 있는 원소와 17번째 원소가 결합된 이 물질은 화학을 설명할 때 가장 기본적인 예로 늘 빠짐없이 등장하는 간단한 화합물이다. 그러나 우리가 실생활에서 접하는 소금은 굉장히 복잡하다. 잠시도 가만히 앉아 있지 못하는 청소년들에게 염화나트륨의 분자량을 가르칠 것이 아니라 마트 진열대에서 볼 수 있는 소금 종류를 구분하는 법부터 가르쳐야 하는 것 아닌가 하는 생각이 들 정도다.

식염table salt부터 살펴보자. 식염은 보통 지하에 퇴적된 암염에서 얻은, 작고 균일한 정육면체 모양의 결정으로 이루어진다. 여기에 소금 결정이 서로 들러붙지 않도록 하는 첨가물이 전체 무게의 최대 2퍼센트까지 추가된다. 유리와 도자기를 만들 때 사용하는 이산화규소도 그 첨가물 중 하나다. 뿐만 아니라 그러한 첨가물이 서로 들러붙지 않게 하는 또 다른 첨가물도 추가된다. 소금의 밀도가 가장 높은 것도 식염의 특징이다. 그래서 물에 녹는 속도가 가장 느리며, 다 녹은 소금물은 앞서 설명한 그 모든 첨가물 때문에 색이나 맛이 전부 탁하다.

소금을 순도에 따라 펼쳐놓는다고 할 때, 식염이 한쪽 끝에 있다면 반대쪽 끝에 **코셔 소금**kosher salt이 있다. 소금 광산에서 채취하거나 바닷물로 생산한다. 원래는 동물을 유대교 율법에 따라 불순물과 피를 제거하는 방식으로 도축할 때 쓰였지만, 이제는 어떤 요리를 하든 코셔 소금을 쓰는 요리사가 많다. 거칠고 균일해서 손에 쥐기 쉽고 가격도 450그램에 1달러 정도로 저렴하다.

코셔 소금과 관련하여 참고할 사항이 있다. 미국에서 가장 유명한 소금 브랜드인 다이아몬드 크리스털과 모튼은 다른 점이 많다. 모튼 소금이 다이아몬드 크리스털 소금보다 밀도가 훨씬 더 높고, 따라서 음식에 같은 부피를 넣어도(예를 들어 숟가락으로 한 스푼) 짠맛이 더 강해진다. 또한 모튼 소금은 다 녹기까지 시간이 더 오래 걸려서 자칫 소금을 과도하게 넣는 사태가 벌어지기 쉽다. 모튼 소금을 넣고 곧바로 간을 볼 때와 다 녹은 다음에 간을 볼 때 짠맛이 다르게 느껴진다는 의미다. 그래서 많은 요리사들이 모튼보다 다이아몬드 크리스털 제품을 더 선호한다.

이제 **바다 소금(해염)sea salt**으로 넘어가자. 바다 소금은 이름 그대로 바다에서 난다. 바닷물이나 염수호에 고인 물을 증발시켜서 얻는 이러한 소금은 대체로 마그네슘, 칼슘과 같은 천연 무기질을 함유한다. 또 천연 퇴적물이 극소량 포함되어 소금의 색깔에 영향을 주기도 한다. **히말라야 붉은 소금**나 프랑스산 **셀그리스** 소금을 보면 알 수 있다. 바다 소금은 입자가 굵고 거칠수록 결정의 모양이 불규칙하므로, 고명으로 뿌리거나 음식에 색다른 식감을 더하는 재료로 쓰는 것이 좋다.

더욱 고급스러운 소금을 찾는다면 **플레이크 소금**과 **플뢰르 드 셀**을 추천한다. 말돈 브랜드 제품과 같은 플레이크 소금은 입자가 과립이 아닌 납작한 플레이크 형태다. 증발 과정에서 이런 모양이 되거나,

과립 형태의 소금을 기계로 눌러서 납작하게 만들기도 한다. '플뢰르 드 셀'은 프랑스 중부나 서부의 염전에서 습도와 풍량이 딱 알맞은 시기에 만들어진 소금에 붙여지는 이름이다. 물이 증발하고 표면에 소금이 형성되면, 다시 물에 잠겨서 녹아 없어지기 직전에 떠서 채취한다. 환상적인 휴가지를 떠올릴 때만큼 감탄하게 되는, 정말 멋진 생산 방식이다.

식물성 유지 vs 카놀라유 vs 옥수수유 vs 포도씨유 vs 땅콩유 vs 홍화씨유

장 보러 가서 식용유를 고를 때, 어차피 아무 맛도 안 나니까 아무거나 제일 싼 제품을 골라서 카트에 담고 다른 곳으로 이동하는 나와 비슷한 사람이 분명 있을 것이다. 잠깐 시간을 들여서 고민해본 적도 없으리라. 카놀라가 식물인가? 홍화는? 왜 올리브유를 어떤 종류로 사야 하는지 고민하느라 우물쭈물 시간을 보내야 한단 말인가? 다 똑같이 희끄무레한 기름인데?

심리 상담사에게 이렇게까지 아무 감정이 없다고 고백해도 크게 문제삼지 않을 것이다. 중성 유지는 다 아무런 맛이 나지 않으니까. 특별할 것도 없다. 바로 그렇기에 이러한 식용유가 유용하다. 단백질이나 유리 지방산도 없고 올리브유에 들어 있는 성분처럼 독특한 후추 향을 내는 화학물질도 없다. 발연점이 높아서, 노릇노릇하고 바삭한 튀김처럼 높은 온도로 가열해야 하는 요리에도 사용할 수 있다(섭씨 230도까지 가능하다). 식용 유지 중에서도 고급 올리브유나 참기름처럼 한 번에 많이 쓰지 않는 종류는 색이 짙고 고유한 향이 진할수록 발연점이 낮으므로 요리에는 적합하지 않고, 음식에 그냥 뿌려서 먹는 것이 좋다.

중성 식용유 중에는 **식물성 유지**vegetable oil의 종류가 가장 많다. 식물성 유지란 식물의 씨앗, 견과, 곡물, 열매를 압착해서 얻은 기름을 가리킨다(올리브유와 일부 특별한 유지는 예외). 미국에서 라벨에 '식물성 유지'라고 적힌 제품은 대부분 대두유(발연점이 230도)거나 정제된 몇 가지 식용유를 혼합한 제품이다. 레시피에 식용유가 재료로 포함된다면 아래에 설명하는 종류 중 아무거나 사용해도 된다.

많은 사람들이 친숙하게 사용하는 **카놀라유**canola oil는 발연점이 약 200도다. 겨자와 비슷한 식물인 유채의 씨가 카놀라유의 원료다. 단일불포화지방 함량이 올리브유 다음으로 높다. 다른 식물성 유지보다 더 낫다는 소리다.

옥수수유corn oil는 옥수수 낟알에 있는 배아로 만든다. 발연점은 230도다. 옥수수가 많이 나는 미국에서 주로 쓰인다. 요리에 사용하면 불에 구운 듯한 풍미가 음식에 살짝 더해진다.

포도씨유grapeseed oil는 몇몇 종류의 포도 씨앗으로 만든다. 와인을 만들고 남은 부산물이 재료로 쓰인다. 발연점은 약 220도다.

땅콩유peanut oil는 발연점이 약 240도로 가장 높다. 증기로 익힌 땅콩을 압착해서 만든 땅콩유에서는 땅콩 맛이 나지 않는다. 반면 여과를 거치지 않은 땅콩유는 땅콩 향이 아주 진하다. 그래서 시저 드레싱처럼 땅콩유가 필요한 요리에 두 가지를 실수로 바꿔 쓰면 뜻밖의 결과물을 얻게 된다. 다름 아닌 내 경험담이다.

마지막으로 살펴볼 **홍화씨유**safflower oil는 발연점이 230도이고 홍화씨앗으로 만든다. 홍화가 뭐냐고 여러분이 묻는 소리가 여기까지 들린다. 해바라기와 같은 과에 속한 식물로 빨간색, 흰색, 노란색, 오렌지색 꽃이 핀다. 꽃잎은 말리면 염료로 쓸 수 있다. 또한 기름을 짜내고 남은 찌꺼기는 가축에게 단백질을 공급하는 먹이로 쓰인다. 생명의 순환이란!

옥수수 가루 vs 굵게 빻은 옥수수 vs 폴렌타 가루

한번 맛보려면 마음을 단단히 먹어야 하는 음식이 있다. 너무 새콤해서 하나만 먹어도 입이 오므라드는 피클, 혀와 입술에다 볼까지 따끔따끔할 만큼 매운 마파두부, 그냥 매운 정도가 아니라 정말로 온몸이 아픈 것처럼 느껴지는 매운 칠리도 그런 음식이다. 반대로 다 큰 어른이 아기들이나 먹는 음식을 가끔 맛있게 먹기도 한다. 말려서 빻은 옥수수에 물이나 우유, 육수를 붓고 끓인 죽이 그렇다. 귀리죽과 비슷한 이 옥수수죽은 아주 오랜 옛날부터 사람들의 마음을 달래주었다.

굵게 빻은 옥수수grits와 **폴렌타 가루**polenta도 전부 말린 옥수수를 '**빻아서 만든 가루**cornmeal'다. 옥수수 가루는 노란색이나 흰색 옥수수를 가늘게, 중간 정도로, 또는 굵게 갈아서 만들며 가루의 굵기에 따라 용도가 다르다. 예를 들어 아주 가늘게 빻은 옥수수 가루는 다른 재료의 맛에 영향을 주지 않으므로 베이킹에 가장 적합하다. 슈퍼마켓 선반에 진열된 일반적인 옥수수 가루 제품은 '배아 제거' 공정을 거친다. 즉 옥수수의 겉껍질과 배아를 제거한 후 빻은 가루라 저장 시 안정성이 우수하고 질감도 균일하다. 반면 옥수수 알맹이를 통째로 분쇄한 가루는 기름이 많은 배아와 겉껍질이 모두 포함되므로 일반적인 제품보다 쉽게 상한다.

굵게 빻은 옥수수(그리츠)는 미국 남부에서 인기가 많다. '그리츠'는 거칠게 빻은 옥수수 가루의 명칭이자 이 가루로 만든 음식을 지칭하기도 한다. 미국에서 판매되는 대다수의 옥수수 가루와 마찬가지로 대부분 마치종 옥수수로 만든다. 마치종 옥수수는 당 함량이 낮고 맛이 연하고 전분 함량이 높으며 '옥수수 같은' 맛이 강하다. 가루 색이 하얀 것도 있고 노란 것도 있으며 둘 다 전통적으로 많이 사용됐지만, 미국 남부의 항구 도시에서는 흰색 그리츠의 인기가 더 높았고 내륙의 시골 지역에서는 노란색 그리츠가 더 많이 쓰였다.

'폴렌타' 역시 **그리츠**와 마찬가지로 재료와 음식을 모두 지칭한다. 이탈리아에서는 옥수수를 비롯해 분쇄한 곡물이나 전분으로 만든 죽을 전부 폴렌타라고 한다. 또한 이탈리아에서 전통적으로 사용된 옥수수는 미국에서 판매되는 대부분의 옥수수 가루 제품과 차이가 있다. 즉 마치종 옥수수가 아니라 '오토 필레'로도 불리는 경립종이 사용된다. 이 재래종 옥수수는 식감이 마치종보다 조금 더 우수해서 폴렌타로 만들면 그리츠와는 다른 느낌의 죽이 된다. 순수주의자, 그리고 옥수수죽에 열광하는 팬들은 폴렌타야말로 진짜 옥수수죽이라고 주장한다.

별것 아닌 자잘한 차이점까지 따져서 구분하는 걸 좋아하니까 우리가 지금 이러고 있긴 하지만, 솔직히 거칠게 분쇄한 옥수수 가루라면 무엇이든 죽을 끓일 수 있고 맛도 좋다. 다만 라벨에 '인스턴트'나 '단시간에 조리 가능' 같은 문구가 적힌 제품은 멀리해야 한다. 그런 제품은 옥수수를 말려서 살짝 익힌 다음 다시 수분을 제거하므로 먹어보면 맛이 꼭 톱밥 같다. 구체적인 종류가 무엇이든 진짜 옥수수 가루를 써야 노르스름하고 맛있는 옥수수죽을 맛볼 수 있다.

스톡 vs 브로스

육수는 주방에서 일어나는 가장 기본적이면서도 마법 같은 변화를 멋지게 보여준다. 바로 냄비에 물을 담고 가열한 다음 몇 가지 재료를 넣어 팔팔 끓이면 향긋한 만능 액체가 되는 변화다.

스톡stock은 브로스보다 전체적으로 진하다. 고기가 붙은 뼈에 물을 붓고 2시간에서 6시간, 또는 그 이상 고아서 만든다. 경우에 따라 채소와 허브를 함께 넣어 끓이기도 한다. 뼈를 불에 구운 다음에 끓이면 육수의 색이 짙어진다. 뼈와 관절 부위에서 분리된 콜라겐으로 인해 살짝 점성이 있는 진한 국물이 완성되고, 식히면 고기로 만든 젤리처럼 된다. 이렇게 만든 육수는 간을 따로 하지 않고 수프, 스튜, 소스 같은 다른 요리에 재료로 사용하거나 곡물을 익히는 기본 재료로 쓴다.

스톡에 달걀흰자를 넣고 저어서 만든 맑은 국물이 **콩소메**다. 스톡을 뿌옇게 만드는 물질이 흰자에 달라붙어 위로 떠오르면 싹 거둬내어 만든다. 남은 맑은 국물은 보통 간을 해서 식사의 첫 메뉴로 낸다.

브로스broth는 스톡을 만들 때보다 뼈가 덜 들어가고(또는 아예 넣지 않는다!) 고기는 더 많이 들어가며 대부분 채소와 향신료를 함께 넣어 끓인다. 끓이는 시간도 2시간 이하로 더 짧다. 그만큼 국물이 가볍고 식혀도 젤리처럼 변하지 않으며 액체 상태가 유지된다. 스톡과 달리 간을 해서 그냥 마시기도 한다.

그럼 사골 육수는? 그냥 스톡에 간을 해서 마실 수 있게 만든 버전일 뿐이다. 가까운 건강식품점에서 구입할 수 있는데, 굉장히 비싸긴 해도 분명 그럴 만한 가치가 있다.

잘게 썰기 vs 얇게 썰기 vs 깍둑썰기 vs 다지기

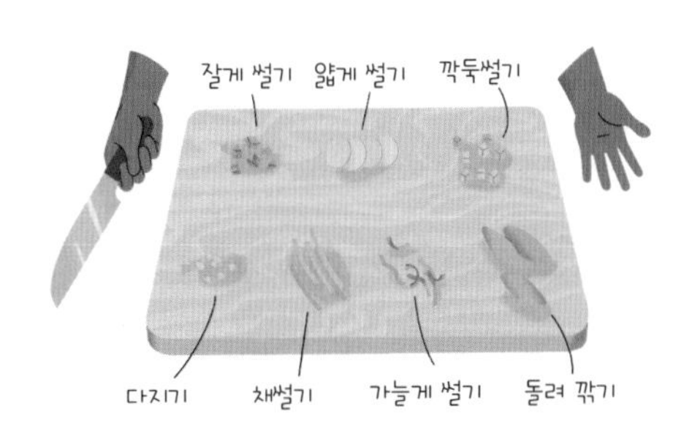

잘게 썰기Chop

조각의 크기가 균일하도록 재료를 썬다. 완벽한 정사각형이나 반달, 그 밖에 눈을 즐겁게 하는 멋진 모양이 아니어도 괜찮다. 크기만 같으면 된다.

얇게 썰기Slice

일정한 두께가 되도록 넓고 얇게 썬다. 카프레제 샐러드에 들어가는 토마토도 이렇게 썰고, 캐러멜화가 진행될 때까지 기름에 한참 볶을 양파도 이와 같이 손질한다. 스테이크를 다 익힌 후 내기 직전에 얇게 썰어서 그릇에 담기도 한다.

깍둑썰기Dice

작은 정육면체 모양으로 깔끔하게 썰면 골고루 익는다(그리고 보기에 좋다). 둥글고 형태가 울퉁불퉁한 과일과 채소는 깍둑썰기가 어렵다.《뉴욕 타임스》에서는 이런 경우 먼저 전체를 '정육면체 모양'으로 만든 다음 수평, 수직으로 각각 잘라서 원하는 크기로 만들라고 조언한다. 사방이 2센티미터쯤 되도록 큼직하게 썰기도 하고, '브뤼누아즈'로도 불리는 가장 작은 깍둑썰기에서는 사방이 약 3밀리미터가 되도록 썬다.

다지기 Mince

브뤼누아즈보다 더 작게, 각 조각의 크기가 다 같다고 할 수도 없을 만큼 잘게 자르는 것을 뜻한다. 잘게 썰기와 방법은 같지만 결과물이 훨씬 더 작다고도 설명할 수 있다. 재료를 다지려면 먼저 작게 깍둑썰기한 다음 칼로 여러 번 더 썰면 된다.

여기까지가 칼로 재료를 다듬는 기본적인 방법이다. 이제 보너스로 재료를 써는 또 다른 방법을 소개한다.

채썰기 Julienne

재료를 아주 가늘고 얇게 써는 방식이다. 한 조각의 두께가 성냥개비 하나와 비슷한 1.5~3밀리미터가 되도록 썬다.

가늘게 썰기 Chiffonade

채썰기와 비슷하지만 허브와 잎채소를 채로 써는 방식을 시포나드라고 한다. 샐러드에 들어가는 재료는 조금 더 넓게 썰고 고명으로 얹는 경우 더 얇고 가늘게 썬다.

돌려 깎기Tourné

투르네라는 이름만큼 멋진 기술로, 특수 나이프(칼날이 둥근 과도)를 이용하여 채소를 7면체 축구공처럼 깎는다. 면이 많을수록 더 노릇노릇하게 익으므로, 감자를 이렇게 손질하면 최상의 바삭함을 느낄 수 있다. 옛 방식을 그대로 지켜서 만드는 프랑스 요리가 아닌 이상 재료를 돌려 깎기로 손질하라고 요구하는 레시피를 접할 일은 없겠지만, 한번 익혀볼 만한 흥미로운 기술이다.

설탕 장식

프로스팅 vs 아이싱 vs 글레이즈

차이를 구분하기가 참 어려운 단어다. 『요리사의 필수 요리 사전』, 『음식 애호가의 새로운 동반자』를 비롯한 여러 자료를 뒤져본 결과 **프로스팅**frosting과 **아이싱**icing은 의미가 동일하다. 둘 다 구워낸 과자나 빵의 속을 채우거나 장식하는 용도로 쓰이며, 설탕이 기본 재료로 들어간 두툼하고 부드러우면서 쉽게 펴 바를 수 있는 혼합물이다(메리엄 웹스터 사전에서 '프로스팅'을 찾아보면 설명이 '아이싱'이라고 되어 있어서 정말 아무 도움이 안 된다).

하지만 전문가들에게 직접 문의해보니 프로스팅과 아이싱은 사실상 다른 개념이라는 대답이 돌아왔다. "프로스팅은 얇게 펴서 바를 수 있고, 나지막하고 둥글게 쌓을 수 있어요. 아이싱은 숟가락으로 퍼서 올리거나 부을 수 있지만 시간이 지나면 단단하게 굳습니다. 프로스팅도 결국에는 굳지만요." 요리책 저술가인 에린 맥다월의 설명이다(이를 듣고 나니 버터크림보다도 얇게 얹는 로열 아이싱이 떠올랐다). 맥다월은 용도가 과자인지 빵인지에 따라서도 프로스팅과 아이싱 중 적합한 표현이 달라질 수 있다고 전했다. "시나몬롤에는 아이싱을 올린다고 하지 프로스팅을 올린다고 하지는 않아요. 실제로 시나몬 롤에 뿌리는 것이 크림치즈 프로스팅이라도 말이죠."

이쯤 되면 여러분도 나처럼 헷갈려서 돌아버릴 지경일 것이다.

다행히 **글레이즈**glaze는 아주 명확한 차이가 있다. 프로스팅이나 아이싱보다 얇고, 액체처럼 묽어서 음식 위에 붓거나 옆으로 흘러내리도록 떨어뜨릴 수 있다. 마르고 나면 단단하게 굳어서 표면이 반짝반짝 빛이 나고 매끄러워진다. 그래서 어디에 바르든 먹음직한 윤기가 흐른다. 글레이즈는 보통 슈거 파우더(257쪽 참고)로 만든다. 슈거 파우더는 입자가 고와서 잘 녹고, 옥수수 전분이 섞여 있어서 글레이즈로 만들면 더욱 환한 윤기가 흐른다.

필레Fillet VS 필레Filet

두 단어를 보면 영어 철자도 비슷하고 의미도 비슷해서 '둘 중에 하나만 딱 정해서 사용해야 하는 것 아닌가' 하는 생각이 든다. 하지만 어찌된 일인지 지금까지 둘 다 나름의 쓰임새로 사용되고 있으니, 인내심을 갖고 자세히 살펴볼 필요가 있다.

필레fillet는 명사와 동사로 모두 쓰인다. 동사로 쓰일 때는 뼈에서 고기나 생선살을 발라낸다는 뜻이고, 명사로 쓰일 때는 그렇게 뼈를 제거하고 남은 고기와 생선살을 의미한다. **필레**filet는 fillet의 명사와 뜻이 거의 동일하지만 '필레미뇽filet mignon'이라는 표현에서는 소 안심 스테이크를 의미한다.

생선에는 fillet가 더 많이 쓰이고 육류에는 filet가 주로 쓰인다고 주장하고 싶지만, 맥도날드에서 파는 생선 버거의 이름이 '필레오피시Filet-O-Fish®'라는 점이 걸린다. 한마디로 정리하면, 여러분이 둘 중에 어느 쪽을 사용하든 틀렸다고 지적하는 사람이 반드시 나타날 것이다.

과일과 채소

FRUITS
& VEGETABLES

고구마 vs 참마

미국에서 추수감사절에 먹는, 달콤하게 조린 '참마' 요리가 사실 참마로 만드는 게 아니라면? 심지어 슈퍼마켓에서 '참마'라고 파는 것도 참마가 아니라면?

친구들이여, 여러분은 지금까지 거짓 속에서 살아왔다.

설탕에 졸인 그 참마 요리의 재료는 사실 고구마다. 슈퍼마켓에서 파는 참마도 마찬가지로 고구마다. 그럼 라벨에 '고구마'라고 적혀 있는 식품은? 그건 아마 고구마가 맞을 거다(이건 확실하다고 생각하겠지만, 이쯤 되면 대체 뭘 믿을 수 있을까?).

고구마sweet potato는 나팔꽃이 속한 메꽃과 식물(학명 *Ipomoea batatas*)의 뿌리다. 남아메리카 북부가 원산지이며 선사 시대부터 재배됐다. 고구마는 당 함량이 3~6퍼센트로 굉장히 높고, 실온에 저장하거나 가열하면 당분이 더 증가한다. 종류는 각양각색이다. 속이 진한 주황색 고구마부터, 대체 자연에 어떻게 이런 색이 존재한단 말인가 하는 감탄을 자아내는 보라색(자색) 고구마도 있고, 흐릿한 노란색도 있다. 미국에서 가장 많이 접할 수 있는 종류는 추수감사절에 먹는 진한 주황색 고구마, 아니면 색이 그보다 연하고 수분이 적어서 잘 부스러지는 고구마다.

1930년대에 시작된 마케팅 때문에 이 진한 주황색 덩이줄기가 미국에서는 '**참마**yam'로 판매되기 시작했다. 하지만 실제로는 참마가 아니다. 진짜 참마는 열대 지역에서 자라는 풀, 백합 등과 함께 마속 *Dioscorea*에 속하며 10여 가지 종으로 나뉜다. 참마는 모양과 크기가 다양하며 속 색깔도 흰색, 노란색, 분홍색부터 진한 갈색까지 여러 종류가 있다. 일반적으로 참마가 고구마보다 전분 함량이 더 높고 익히면 더 부드럽다. 영어로 참마를 뜻하는 단어 yam은 서아프리카에서 '먹다'라는 뜻으로 쓰이는 '냠nyam'이라는 표현에서 유래했다. 참마는 아프리카, 카리브해 지역, 남미 음식에 많이 쓰인다(미국에서는 주로 외국 식품이나 특수 식품을 판매하는 곳에서 구입할 수 있다).

고구마와 참마에 얽힌 재미있는 정보

- 고구마는 영국 헨리 8세의 첫 번째 왕비였던 아라곤의 캐서린 왕녀가 스페인에서 지참금으로 챙겨오면서 영국에 처음 도입됐다. 헨리 8세는 고구마를 무척 좋아해서 한 끼에 24개까지 먹었다고 전해진다. 캐서린 여왕과 이혼한 후에는 영국에서 고구마를 재배하는 농민에게 상으로 땅과 금을 선사했다고 한다.
- 참마 추출물에서 분리한 호르몬은 피임약으로 쓰인다.
- 참마는 45킬로그램이 넘게 자랄 수 있다. 파푸아뉴기니와 가까운 트로브리안드 군도에는 아예 참마만 보관하는 건물이 따로 마련되어 있다.
- 중국에는 오랜 역사에 비하면 비교적 최근이라 할 수 있는 1594년에 고구마가 처음 도입됐다. 지금은 전 세계에서 고구마를 가장 많이 키우는 국가이며, 모든 나라를 통틀어서 생산되는 고구마의 절반 이상이 중국에서 나온다.

코리앤더 vs 실란트로

영어에서 '코리앤더'와 '실란트로'는 모두 전 세계의 온난한 기후에서 연중 자라는 식물인 고수(학명 *Coriandrum sativum*)를 가리킨다. 엄밀히 말해 '코리앤더'는 식물 전체를 가리키지만 실제로는 씨앗만을 지칭하는 표현으로 더 많이 쓰이고, 고수의 잎과 줄기는 '실란트로'라고 한다.

코리앤더coriander는 수천 년 전부터 활용됐다. 청동기 시대 정착지와 투탕카멘 무덤에서도 고수 씨앗이 발견됐다. 코리앤더라는 명칭은 '빈대'를 뜻하는 고대 그리스어에서 유래했다. 덜 익은 씨앗에서 나는 냄새가 빈대가 으깨졌을 때 나는 것과 비슷하다는 특징에서 비롯됐다고 한다. 하지만 고수 씨앗은 꽃과 과일의 향이 진해서 소시지, 피클, 스튜, 제과 제품 등에 풍미를 더하는 재료로 사용된다.

영국에서는 '생 고수'라고도 하는 **실란트로**cilantro는 녹색에 가장자리가 톱니처럼 뾰족뾰족하다. 해럴드 맥기의 저서 『음식과 요리』에 따르면, 고수의 원산지는 중동이고 그곳에서 중국, 인도, 동남아시아로 전해진 후 나중에 라틴아메리카까지 전해져 모든 지역에서 큰 인기를 얻었다. 중미와 남미에는 고수와 풍미가 비슷하지만 잎이 더 크고 질긴 **쿨란트로**라는 재래종 식물이 있었지만 고수로 대체됐다.

고수는 호불호가 엇갈리는 허브다. 정말 좋아하는 사람도 있지만 비누 맛이 난다고 싫어하는 사람도 있다. 비누 운운하는 사람들을 입맛이 까다롭다고 일축할 수도 있겠지만, 사실 완전히 틀린 말은 아니다. 맥기의 설명에 따르면 고수의 독특한 향을 구성하는 주된 성분이 알데하이드라는 지방 분자인데, 비누, 로션, 그리고 예상했겠지만 벌레에서 고수에 함유된 것과 동일하거나 비슷한 알데하이드가 발견된다. 이 알데하이드의 맛을 느끼는 사람들은 역겹다고 느끼고, 느끼더라도 개의치 않는 사람도 있다. 나는 고수를 무척이나 좋아한다. 하지만 살다가 으스러진 빈대 냄새를 맡는 일이 혹시라도 생긴다면 반대편으로 넘어갈지도 모른다.

만다린 vs 탄제린 vs 클레멘타인 vs 밀감

감귤나무(학명 *Citrus Reticulata*)에서 나는 여러 종의 열매가 **귤(만다린)**mandarin이라 불린다. 크기가 탁구공만 한 것부터 피구공만 한 것까지 다양하다. 캘리포니아대학교의 '감귤류 품종 컬렉션Citrus Variety Collection'에 수집된 종류는 167종으로, 몇 가지 공통점이 있다.

1. 오렌지에 속한다.
2. 위아래가 평평해서 탁자 위에 무심코 올려두어도 마음대로 굴러가지 않는다.
3. 껍질을 벗기기가 쉬워서 먹기 편한 과일이다.

동남아시아와 필리핀이 원산지인 귤 또는 만다린은 1840년대에 이탈리아인들이 뉴올리언스에 있던 영사관 정원에 처음 심으면서 미국에 전해졌다. 중국 제국 시대에 고위 관료mandarin가 입던 관복 색깔과 비슷하다는 특징에서 만다린이라는 이름이 붙여졌다.

탄제린tangerine, **클레멘타인**clementine, **밀감**satsuma은 모두 귤에 속한다. **탄제린**은 이 중에서 가장 신맛이 강하고 껍질이 오렌지처럼 두툼하며 울퉁불퉁하다. 모로코의 탕헤르 항구를 통해 맨 처음 전해졌다고 해서 탄제린이라 불리기 시작했다. 지금은 북미에서 가장 많이 볼 수 있는 귤이 되었다.

클레멘타인은 껍질이 매끄럽고 윤기가 나며 얇다. 또한 탄제린보다 더 달콤하다. 대부분 씨가 없으며 미국에는 북아프리카를 통해 전해졌다. 다른 귤보다 온난한 기후에서 재배되므로 당 함량이 더 높은 편이다. 기온이 낮은 곳에서 자란 클레멘타인은 시큼한 맛이 더 강할 수 있다. 미국 슈퍼마켓에는 '큐티Cuties' 또는 '스위티Sweeties'라는 이름의 귤이 있는데, 어린이 간식으로 많이 판매되는 이런 귤은 전부 클레멘타인이다.

밀감은 클레멘타인보다 작고 달콤하며 씨가 거의 없고, 껍질은 오렌지와 비슷하지만 더 얇다. 수백 년 전에 중국에서 일본으로 묘목이 전해졌으며 현재 일본에서 생산되는 모든 감귤류의 80퍼센트를 차지한다. 추운 날씨도 잘 견디므로 플로리다 북부와 캘리포니아 시에라의 구릉 지역과 같이 기온이 상대적으로 낮은 곳에서도 잘 자란다. 미국에서 판매되는 통조림 귤은 대부분 밀감으로 만든다. 생과일은 먼 곳까지 운반하기 어렵기 때문이다. 클레멘타인보다 껍질이 쉽게 벗겨지며 크기도 더 작고 더 달콤하다.

바나나 vs 플랜테인

바나나(학명 *Musa sapientum*)는 최대 약 6미터까지 나무처럼 크게 자라는 파초속 식물의 씨 없는 열매다. 동남아시아 지역이 원산지이고 현재는 전 세계 150개국 이상에서 재배된다. 열매 10~20개로 이루어진 다발(영어로는 '손hands')이 나무 한 그루당 1~20개 정도 열린다.

바나나는 크게 두 종류로 나뉜다. 미국에서 '디저트용 바나나dessert banana'로도 불리는 일반 바나나와 플랜테인(플랜틴)plantain이다. 그럼 플랜테인과 디저트용 바나나의 주된 차이점은 무엇일까? 전분이다. 모든 바나나는 에너지가 전분으로 저장되고 숙성 과정에서 이 전분이 당으로 바뀐다. 디저트용 바나나는 전분과 당의 비율이 25:1이었다가 숙성되면 1:20으로 바뀌는 매우 급격한 변화가 일어난다. 플랜테인은 당으로 바뀌는 전분의 양이 이보다 훨씬 적다. 다 익은 디저트용 바나나의 당 함량은 20퍼센트에 가까운 반면, 다 익은 플랜테인의 당 함량은 고작 6퍼센트다.

이는 먹었을 때 어떤 차이로 느껴질까? 디저트용 바나나는 부드럽고 달콤하지만 플랜테인은 뻑뻑하고, 음, 당연한 소리지만 전분 맛이 많이 느껴진다. 겉보기에 당연히 잘 익은 바나나라고 생각하고 아무 생각 없이 껍질을 벗겨서 한 입 물었다면, 일단 생 플랜테인은 아닌데 하나도 안 익은 바나나 맛이 난다. 플랜테인은 익었든 안 익었든 요리에 훨씬 더 적합하다.

우리가 슈퍼에서 보는 디저트용 바나나는 전부 캐번디시Cavendish라는 종이다. 현재 열대 지역을 제외한 세계 각국으로 가장 많이 수출되는 종류다. 하지만 전 세계에서 재배되는 바나나의 최대 85퍼센트가 플랜테인 종이다. 플랜테인은 여러 나라에서 수많은 요리에 재료로 쓰인다. 동전 모양으로 동그랗게 썰어서 튀겨 먹기도 하고, 튀겨서 으깬 다음 한 번 더 튀겨서 먹기도 하며, 푹 끓이는 요리나 스프에 넣기도 한다. 아주 다양하게 활용할 수 있는 재료다.

바나나와 플랜테인에 관한 몇 가지 재미있는 사실

- 바나나의 학명인 무사 사피엔툼은 '현자의 과일'이라는 뜻이다. 인도에서 도를 닦는 사람들이 바나나 잎이 드리워진 그늘 아래에 앉아 명상을 했다는 미신에서 비롯된 이름이다.
- 국제무역에서 취급되는 바나나의 종류는 몇 가지뿐이지만, 아시아나 라틴아메리카의 특산물 시장에 가면 형태·크기·색깔·맛이 다양한 여러 바나나를 볼 수 있다. 껍질이 은빛이 도는 푸른색인 블루자바 바나나('아이스크림 바나나'로도 불린다)는 아이스크림 맛이 나고, 만자노 바나나는 딸기와 사과를 섞은 듯한 독특한 맛이 난다. 또 길이가 7~10센티미터인 레이디핑거 바나나는 캐번디시 바나나보다 훨씬 달콤하다.
- 바나나는 자랄 때 '음성 굴지성'이라는 독특한 성질이 나타난다. 처음에는 땅을 향해서 자라다가 나중에는 위를 향해, 중력과 반대 방향으로 해를 향해서 자란다. 식물이 불안정한 형태가 되지 않으면서 빛을 최대한 많이 흡수할 수 있는 방식이다. 바나나가 휘어진 모양인 것도 이런 이유 때문이다!

- 바나나는 번식 방법 때문에 병과 해충에 유독 취약하다. 이런 특징을 극명하게 보여주는 사례가 있다. 1950년대까지만 해도 현재 우리가 아는 바나나보다 맛이 훨씬 풍부하고 달콤한 그로 미셸Gros Michel이라는 바나나가 전 세계 바나나 시장의 독보적인 주인공이었다. 하지만 그로 미셸은 토양의 진균에 감염됐고, 결국 농민들은 그로 미셸을 쓰러뜨린 병에 영향을 받지 않는 캐번디시 바나나를 기르기 시작했다. 많은 과학자가 언젠가는 캐번디시 바나나도 멸종될 수 있다고 우려한다.

양송이 vs 크레미니 vs 포토벨로

가만 보자, 지금 여러분이 어쩌려고 하는지 다 보인다. 이 세 가지 버섯은 차이점을 확실하게 아니까 그냥 책장을 넘기려는 것 같은데? 그냥 '셋 다 각기 다른 버섯이겠지'라고 생각하면서 말이다.

하지만 내가 그 생각을 송두리째 흔들고 말 테다. 세 가지 버섯은 다르지 않다. 전부 같은 버섯이다!

양송이버섯과 크레미니 버섯, 포토벨로 버섯은 모두 학명이 아가리쿠스 비스포루스*Agaricus bisporus*로 동일하며 수확 시기만 다르다. 하얀색 **양송이버섯**button mushroom은 사람으로 치면 영유아기에 해당하고, 갈색을 띠는 **크레미니 버섯**cremini mushroom은 십대 청소년, 갈색에 양송이와 크레미니보다 큼직한 **포토벨로 버섯**portobello mushroom은 성인이다(크레미니 버섯이 '베이비 벨라'라는 이름으로 판매될 때도 있지만 엄밀히 따지면 베이비 '벨로'라고 해야 한다!).

아가리쿠스 비스포루스의 재미있는 특징 몇 가지

- 양송이와 크레미니, 포토벨로는 미국에서 생산되는 모든 버섯을 통틀어 90퍼센트를 차지한다. 시장 규모가 약 10억 달러에 달한다.
- 자라면서 수분 함량이 떨어진다. 그래서 세 가지 중에는 포토벨로 버섯이 가장 맛있다(그다음이 크레미니, 마지막이 양송이버섯이다).
- 미국인은 버섯을 한 해 평균 900그램 이상 섭취한다.

- 버섯의 DNA는 식물보다 인간과 더 가깝다.
- 포토벨로 버섯 하나에 바나나 한 개보다 더 많은 칼륨이 들어 있다.

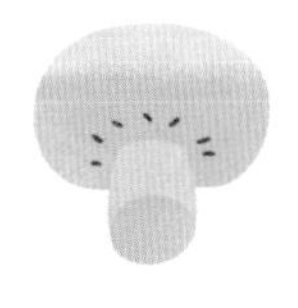

양송이 버섯

크레미니 버섯

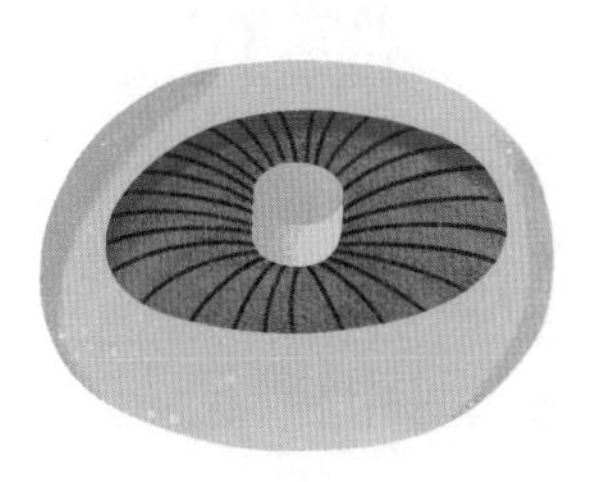

포토벨로 버섯

중국 브로콜리 vs 브로콜리니 vs 브로콜리 라브

가이란, 카이란, 중국 케일로도 알려진 **중국 브로콜리**chinese broccoli(학명 *Brassica oleracea*)는 일반적인 브로콜리와 배추, 콜리플라워와 같은 배추속 식물이다. 재배식물 국제 명명규약에 따른 카이란의 정식 분류명은 '알보글라브라alboglabra'이다. 누군가가 장난으로 지어냈거나 〈해리포터〉, 〈반지의 제왕〉에나 나올 법한 이름이다. 줄기가 굵고 꽃은 아주 작은 반면 잎이 넓고 납작하다. 일반적인 브로콜리보다 풍미가 강하고 더 '브로콜리 같은' 맛이 난다.

1993년에 브로콜리와 카이란을 교잡한 잡종 채소인 **브로콜리니**broccolini가 등장했다. 아스파라거스와 맛이 비슷해서 처음에는 '**아스퍼레이션**asparation'이라는 이름으로 재배됐지만, 머리가 잘 돌아가는 몇몇 사람들이 "채소에 그런 이름을 붙이다니, 정말이지 말도 안 돼"라고 지적한 덕분에 '브로콜리니'로 시장에 나왔다. 브로콜리니 또는 아스퍼레이션이라 불리는 이 채소는 길쭉하고 가느다란 줄기에 크기가 작은 꽃송이가 달렸고, 잎은 없거나 있더라도 아주 작다. 브로콜리보다 연하며 단맛이 강하다.

마지막으로 살펴볼 **브로콜리 라브**broccoli rabe는 '라피니'로도 불린다. 브로콜리에서 파생된 식물이 아니며 오히려 순무에 더 가깝다. 브로콜리 라브는 겨자 잎만큼 씁쓸한 잎채소의 하나이며, 줄기가 가늘고 싹은 거의 없고 잎이 아주 많이 자란다. 이탈리아 요리에 많이 쓰이는 재료로서, 주로 데친 다음(177쪽 참고) 올리브유와 마늘을 넣고 살짝 볶아서 먹는다.

3~4월이 되면 농산물 직판장에 '겨울을 난 브로콜리 라브'가 등장한다. 가을에 심어서 이른 봄에 수확한 것으로, 일반적인 종류보다 크기가 작고 잎도 적지만 잎과 줄기가 더 연하며 쓴맛이 덜하다. 겨울을 나는 동안 얼지 않으려고 식물이 당을 더 많이 만들어냈기 때문이다. 브로콜리 라브를 한번 먹어보고 싶다면, 겨울에서 봄으로 계절이 바뀔 때 가까운 농산물 직판장에 가보자.

순무

순무 vs 루타바가

특정 분야에서는 학명인 브라시카 라파*Brassica rapa*로 부르는 **순무** turnip는 4000여 년 전부터 재배된 식용 뿌리다. 『요리사의 필수 요리 사전』에는 고대 로마 시대에 순무가 "몸 바깥쪽에 생긴 병"을 치료하는 데 도움이 된다고 여겨졌다는 내용이 나온다. 그리스의 의사 디오스코리데스는 발이 아플 때 생 순무를 바르면 통증이 즉각 '사라진다'고 믿었다. 또 아피키우스라는 요리사는 중년이 가까워진 여성들에게, 순무를 익힌 다음 으깨서 페이스트를 만들고 여기에 크림과 분쇄한 로즈버드를 섞어서 얼굴, 목, 어깨에 바르면 피부가 '아기 허벅지처럼' 부드럽고 매끄러워진다고 알려주었다.

순무는 형태와 색이 다양하지만, 크게 일본 순무와 프랑스 순무, 두 가지로 나뉜다. 도쿄 순무로도 불리는 일본 순무는 둥근 모양에 흰색이다. 프랑스 순무는 끝이 좀 더 뾰족하고, 앨리스 워터스의 책 『셰 파니스의 채소』에 나오는 맛깔 나는 표현을 빌리자면 줄기와 이어지는 '어깨' 부분이 보라색을 띤다. 일본 순무와 프랑스 순무 모두 속은 새하얗고 잎은 뿌리 맨 윗부분에서 위로 곧게 자란다(순무 잎도 좋은 식재료다. 줄기가 붙은 채로 판매되는 순무를 구입했다면 떼어내서 따로 보관하자.) 순무는 지름이 5~10센티미터까지 자라지만, 작고 앙증맞은 크기일 때가 먹기에는 가장 적합하다. 또한 1년 내내 구할 수 있으나 봄과 가을에 수확된 순무가 가장 달고 연하다.

루타바가rutabaga를 크고 노란 순무라고 생각하는 사람들도 있다. 그러나 루타바가는 브래시카 나푸스*Brassica napus*라는 학명을 가진, 종류가 다른 채소다. 순무와 배추가 만나 아주 제대로 뒹군 결과 탄생한 자손이 바로 루타바가로, 이 엉큼한 십자화과 채소(브로콜리, 콜리플라워, 양배추로 대표되는 식물의 한 종류. 꽃받침과 꽃잎이 모두 4개이며 꽃잎이 십자 모양으로 피어난다—옮긴이)들이 즐기는 법을 제대로 아는 것 같다는 생각이 든다. '루타바가'라는 이름은 '불룩한 뿌리'(얼마나 섹시한지!)라는 뜻의 스웨덴어 '로타바게rotabagge'에서 유래했다. 가끔 루타바가가 '스웨덴 순무'로 불리는 이유다. 루타바가는 속이 노랗고, 껍질은 노란색과 함께 보라색이 나타나며, 잎은 뿌리 맨 윗부분이 아닌 목 부분에서부터 자라난다. 순무보다 전분 함량이 높고, 크기도 지름 15센티미터 이상으로 순무보다 크다. 추위가 한바탕 몰아친 다음에 수확한 것이 단맛이 잘 보존되어 가장 맛있다.

호박

여름호박 vs 주키니

주키니를 비롯해 굽은목 호박, 패티팬 호박, 그 밖에 농산물 직판장에서 볼 수 있는 다양한 종류의 호박을 가리키는 **여름호박(애호박)** summer squash은 페포호박(학명 *Cucurbita pepo*)에 속하는 식물의 미성숙한 열매를 통칭한다. 델리카타 호박, 도토리 호박, 핼러윈의 대표적인 상징인 겨울호박도 같은 종이다.

주키니zucchini는 녹색도 있고 노란색도 있지만, 여름이 아닌 시기에는 녹색이 더 흔하다. 전체적으로 곧지만 끝부분이 아주 살짝 더 볼록할 수도 있다. 야구방망이만큼 큰 주키니도 있는데 보기에는 멋지지만 먹기에는 썩 좋지 않다. 주키니는 크기가 작을수록 연하고 수분이 적다.

주키니와 가장 헷갈리는 호박은 **노란색 굽은목 호박**yellow crookneck squash일 것이다. 이 호박은 한쪽이 눈에 띄게 더 불룩하고 다른 쪽은 끝으로 갈수록 점점 가늘어지면서 목 부분이 곡선을 그린다. 이렇게 구부러진 형태로 수확하려면 줄기에 달린 상태로 더 오래 두어야 하는데, 이는 호박의 맛과 식감에 좋지 않은 영향을 준다. 줄기에 오래 매달려 있을수록 씨가 커지고 씨의 양이 많아지는데다 껍질이 두꺼워지기 때문이다. 그러므로 우아하게 굽은 목이 없더라도 크기가 작고 덜 자란 호박을 고르는 게 좋다.

주키니와 굽은목 호박은 모양과 색이 다르지만 맛은 거의 비슷하

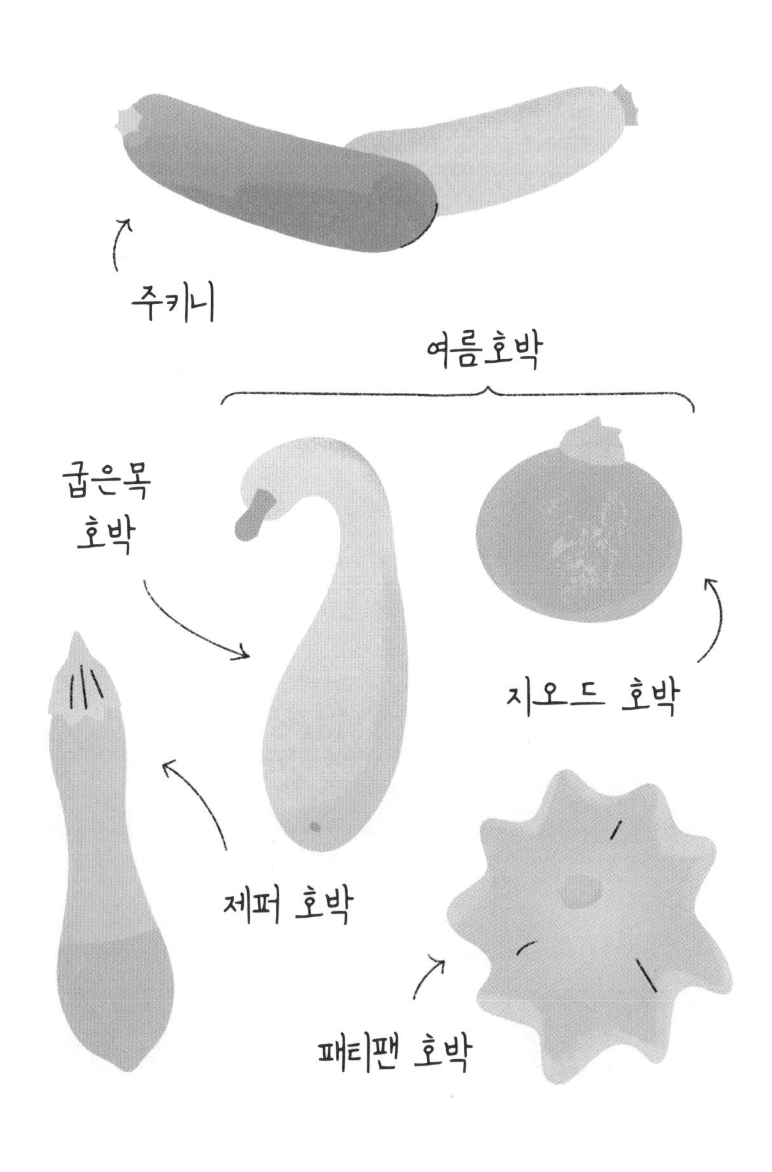
주키니
여름호박
굽은목
호박
지오드 호박
제퍼 호박
패티팬 호박

다. 따라서 레시피에 두 가지 중 하나가 재료로 포함되면 서로 대체할 수 있다. 호박 가격이 비쌀 때는 다른 여름호박을 골라보는 것도 좋은 방법이다. 아래쪽은 라임색이고 위쪽은 노란색인 제퍼 호박도 좋고, UFO를 연상시키는 모양에 가장자리는 부채꼴처럼 퍼진 패티팬 호박도 괜찮다. 그 밖에도 지오드/8번공/플로리도어로 불리는 동그란 공처럼 생긴 호박도 있고, 일반 주키니보다 달고 풍미가 좋은 '코스타타 로마네스코'라는 이탈리아 호박도 있다.

재래종 vs 비프스테이크 vs 플럼 vs 방울 vs 대추방울 vs 칵테일

우선 차이점에 관한 의문은 잠시 내려놓고, 평소에 분명히 다들 궁금했을 문제부터 짚고 넘어가자. 대체 왜 슈퍼마켓에서 사온 토마토는 그렇게 맛이 없을까?

토마토는 크게 두 가지로 나뉜다. 아래에 설명할 **재래종** 토마토와 **잡종** 토마토다. 슈퍼마켓에서 1년 내내 아무때나 살 수 있는 토마토는 인간이 재배한 작물, 특정한 성질이 나타나도록 품종을 개량한 결과물이다. 잡종이라고 다 형편없는 건 아니지만 우리가 슈퍼마켓에서 접하는 토마토는 정말 맛이 없다. 즙이 가득하거나 맛이 풍부한 특징보다는 병충해에 강하고, 살이 단단하고, 표면이 두껍고, 오래 보관할 수 있는 특징에 중점을 두어 육종되었기 때문이다. 게다가 아직 푸릇푸릇하고 돌처럼 단단할 때 수확해서 비좁은 상자에 가득 구겨 담은 후 최종 목적지로 옮긴다. 줄기와 분리되면 토마토의 맛을 좌우하는 당과 산, 그리고 풍미와 향을 구성하는 여러 화학물질이 발달할 수 없다. 대신 빨갛게 익고 연해지도록 에틸렌 기체를 뿌린다. 그러니 여름철에 농산물 직판장에 가서 보면 정말 눈앞에 있는 것이 토마토가 맞는지 혼란스러워지는 독특한 모양의 토마토와는 전혀 다른, 물기가 많고 포동포동한 토마토가 된다.

재래종 토마토heirloom tomato는 '방임 수분'을 거친다. 즉, 과학자의 손이 아닌 다양한 경로로 수분이 이루어진다(새, 곤충, 바람 등). '고정 형질'도 재래종 토마토의 특징이다. 열매가 열린 후 씨앗을 얻어서 심으면, 씨앗을 가져온 식물과 똑같은 토마토가 자란다는 의미다(잡종은 부모 식물과는 다른 특징이 나타나고, 새로 만든 품종이 안정되려면 7세대 정도가 지나야 한다). 최소 50년 이상 교차교배 없이 자란 토마토를 재래종 토마토라고 한다. 그래서 색깔, 모양, 크기가 전부 다르다. 완벽한 타원형도 있지만 울퉁불퉁하고 납작한 모양도 있고 하트 모양과 비슷한 것도 있다. 색깔도 노란색, 초록색, 검은색, 분홍색이 있고 줄무늬가 있거나 홀치기염색을 한 듯한 종류도 있다. 블랙크림, 미스터 스트라이피, 그린제브러, 브랜디와인, 체로키퍼플, 특색만큼 이름도 다양하다. 이러한 토마토는 제철일 때 농산물 직판장에 가면 볼 수 있다. 얇게 썰어 소금만 살짝 뿌려서 그냥 생으로 먹어도 아주 맛이 좋다.

비프스테이크 토마토beefsteak tomato는 큼직하기로 유명하다. 토마토 한 개의 무게가 약 450그램 이상이고 지름도 15센티미터가 넘는다. 질감도 다르다. 씨가 있는 내과피 안쪽 공간이 다른 토마토보다 작고, 즙을 머금은 과육의 비율이 더 높다. 시중에 판매되는 비프스테이크 토마토는 약 350종으로, 재래종도 있고 잡종도 있다. 농산물 직판장에서는 주로 빨간색 토마토에 '비프스테이크'라고 적혀 있지만 사실 색깔이 분홍색인 것도 있고 노란색, 초록색, 흰색, 총천연색이 될 수도 있다. 앞서 재래종 토마토로 소개한 브랜디와인, 체로키퍼플, 블랙크림도 비프스테이크 토마토다.

플럼 토마토plum tomato는 로마 토마토, 페이스트용 토마토로도 불린다. 타원형이고 크기는 비프스테이크 토마토보다 작다. 다른 토마토

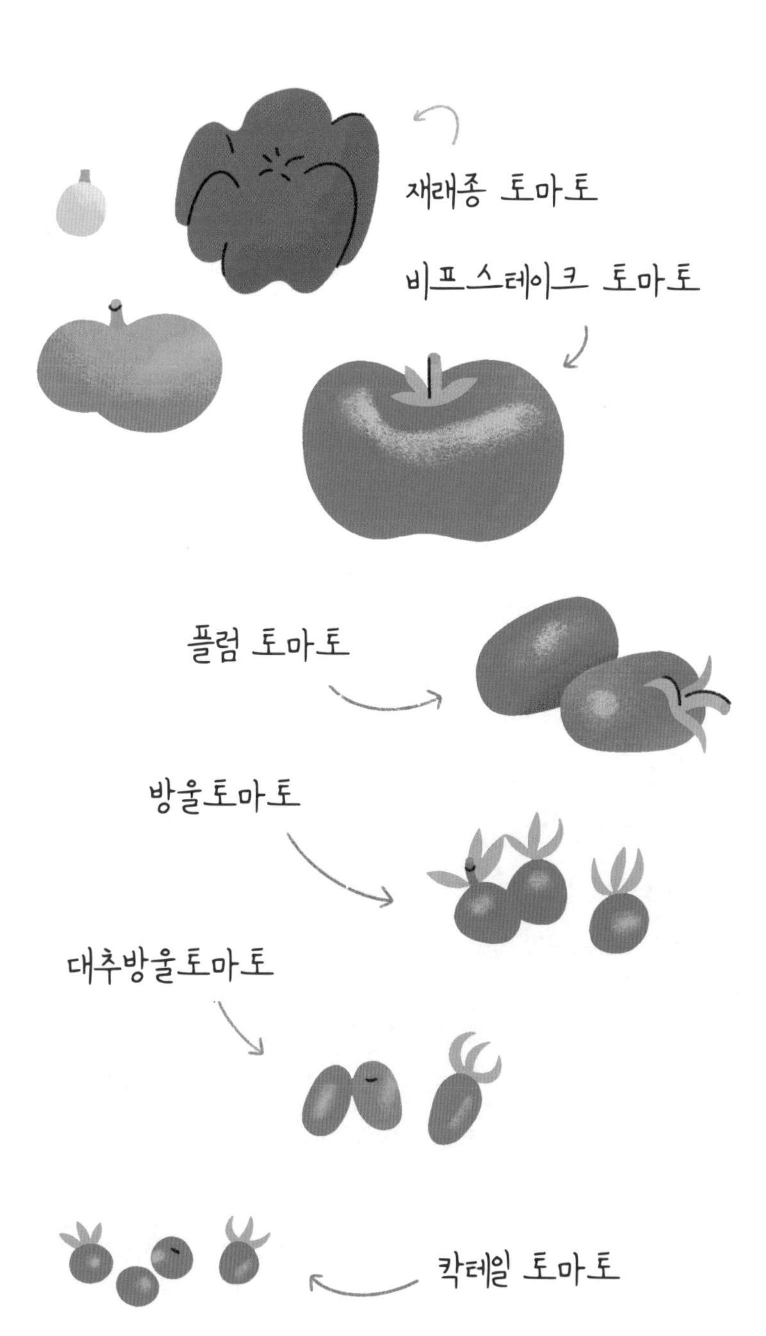
재래종 토마토
비프스테이크 토마토
플럼 토마토
방울토마토
대추방울토마토
칵테일 토마토

에 비해 수분 함량이 낮아서 식감이 쫄깃하다. 소스로 만들기에 아주 적합한 특성이다. 이탈리아에 가면 어디에서나 볼 수 있으며 '산마자노'라는 종류가 가장 유명하다. (유용한 팁 하나: 식품과학자 해럴드 맥기는 통조림 토마토를 구입할 때 꼭 성분을 확인하라고 조언한다. 칼슘이 포함된 제품이 많은데, 칼슘은 토마토를 익혔을 때 세포벽의 분해를 방지하므로 소스로 만들면 제대로 된 식감이 나지 않는다.)

이제 자그마한 토마토의 세계로 넘어가자. 방울토마토, 대추방울토마토, 칵테일 토마토가 있다. **방울토마토**cherry tomato는 작고 둥근 모양에 껍질이 얇아서 베어 물면 즙이 사방으로 튄다. 굉장히 달콤하고 수분 함량이 높다. 색깔도 다양하다.

대추방울토마토grape tomato는 길쭉한 대추 모양이며 슈퍼마켓에서 많이 판매한다. 방울토마토보다 수분 함량이 낮고 껍질이 두꺼워서 더 오랫동안 보관할 수 있다.

칵테일 토마토cocktail tomato는 대추방울토마토나 방울토마토보다 크지만, 그래도 토마토 전체와 비교하면 작고 달콤한 편이다. 수경재배로 키우며 역시나 슈퍼마켓에서 흔히 볼 수 있다. 제철이 아닐 때 제대로 된 토마토를 구입하고 싶다면, 칵테일 토마토가 그나마 가장 나은 선택지일 것이다.

봄 양파 vs 파 vs 대파 vs 리크 vs 램프 vs 차이브

여러분에게 덜 익숙한 파속*Allium* 식물을 하나하나 살펴보기 전에 먼저 양파 이야기를 해보자. 미국에서 양파는 종이 아닌 수확 시기에 따라 크게 두 종류로 나뉜다. 먼저 **봄 양파**spring onions는 가을에 심어서 이듬해 봄이나 여름, 아직 어리고 완전히 성숙하지 않았을 때 수확한다. 아래쪽에 작은 구근이 달리고 녹색 줄기가 위로 자랐을 때다. 이때 수확하지 않고 가을까지 그대로 두면 셀 수 없이 많은 요리에 기본 재료로 쓰이는 **저장용 양파**가 된다. 외피가 물기 없이 종이처럼 얇은 이 양파는 겨울 내내 저장할 수 있다.

그냥 **파**scallions로도 불리는 **대파**green onions는 아래쪽에 구근이 달리지 않는 것만 제외하면 봄 양파와 외양이 비슷하다. 둘 다 위로 곧게 자라며, 어린 봄 양파가 파로 판매될 만큼 맛도 큰 차이가 없다. 생물학적으로는 같은 종(학명 *Allium cepa*)으로 분류된다.

리크leeks(학명 *Allium ampeloprasum*)는 크기가 아주 큰 파처럼 생겼다. 파와 마찬가지로 구근이 없고, 아래쪽은 흰색과 옅은 녹색이며 위로 새파란 잎이 가득 자라는 것도 공통점이다. 리크는 대부분 줄기 아래쪽만 식재료로 사용된다. 초록색 줄기도 먹을 수는 있지만 상당히 질기고 섬유질이 많다. 리크는 가을이 끝나갈 무렵에 가장 많이 나지만 추운 날씨도 잘 견뎌서 특정 지역에서는 겨우내 수확한다. 보통 맛이 아주 강한 양파에 비해 향이 약하고 부드러운 편이며 잘 익히면 실크처럼 부드러운 식감을 느낄 수 있다.

어린 야생 리크(학명 *Allium tricoccum*)는 **램프**ramps라는 정식 명칭이 따로 있다. 미국에서는 봄이 되면 램프를 구하려는 사람들로 난리가 나서, 뉴욕 음식점에 새로 출시되는 메뉴마다 램프가 들어가지 않는 음식을 찾기가 힘들 정도다. 농산물 직판장에서는 비싼 값에 판매되지만 퀘벡부터 노스캐롤라이나, 사우스캐롤라이나까지 잡초처럼 자란다. 대파와 약간 비슷하게 생겼지만 잎이 위로 갈수록 더 넓적하고 평평해진다. 향도 훨씬 강하고 마늘과 양파를 섞은 듯한 맛이 난다.

차이브chives 또는 골파(학명 *Allium schoenoprasum*)는 파속 식물 중에서 가장 작고 가늘다. 허브처럼 사용되며 또렷하면서도 부드러운 양파 향이 난다. 줄기가 가늘고 속이 비어 있어서 다듬기도 수월하다. 봄에는 작은 꽃이 피기도 한다. 차이브를 직접 심어보고 싶다면 명심할 사실이 하나 있다. 잡초처럼 무성히 자라는 편이라 여러분의 텃밭을 금세 점령해버릴 수도 있다!

파속 식물에 관한 재미있는 정보 몇 가지

- 네로 황제는 리크를 먹으면 노래 실력이 좋아진다고 믿고 엄청난 양을 먹어 치웠다고 한다.
- 웨일스는 6세기에 리크를 국가의 상징으로 삼았다. 전쟁에 나갈 때 투구에 리크를 달면 도움이 된다고 여겼다. 지금도 매년 3월 1일 성인을 기리는 기독교 축일인 성 데이비드의 날이 되면, 웨일스 사람들은 옛 전통에 따라 리크를 옷에 단다.

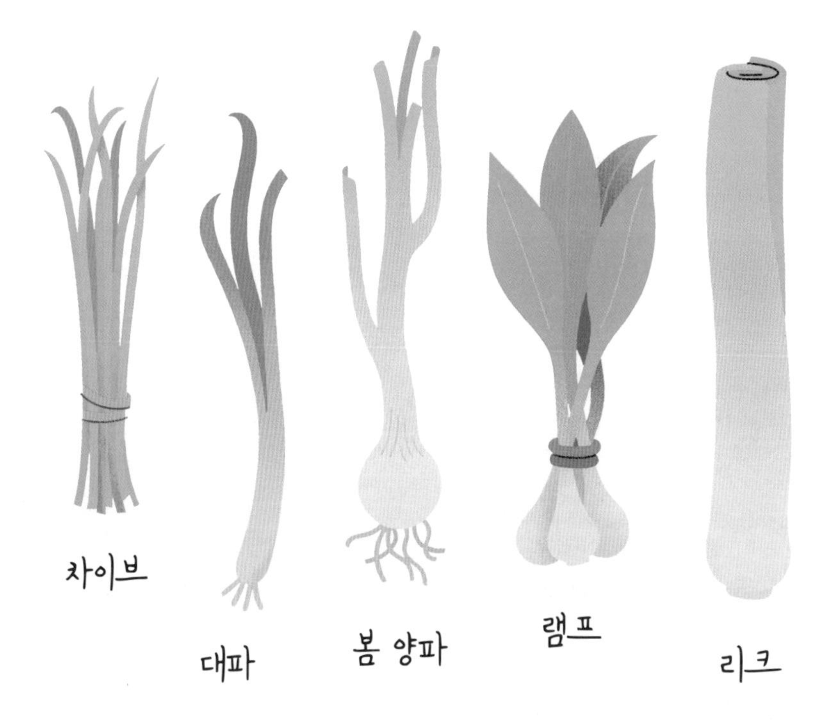
차이브
대파
봄 양파
램프
리크

• 양파와 마늘에 함유된 황 성분은 옷과 머리카락에도 남을 수 있다. 그래서 양파나 마늘을 잘게 썰면 시간이 한참 흐른 뒤에도 몸에서 그 냄새가 난다.

• 중국에서는 기원전 3000년부터 차이브를 식재료로 사용했으며 해독제로도 썼다.

• 고대 로마에서는 차이브로 점을 쳤다고 전해진다. 그 이유는 아무도 모른다.

피클

PICKLES

게르킨 vs 코르니숑

차게 먹는 익힌 육류와 치즈가 한 판에 담긴 음식을 접한 적이 있다면, 새콤하고 존재감이 대단한 절인 오이가 거기에 포함된다는 사실을 잘 알 것이다. 그 작고 귀여운 오이 피클은 코르니숑과 게르킨 중 어느 쪽이 정확한 명칭일까? 혹시 이름만 다를 뿐 같은 음식일까?

게르킨gherkin은 학명이 쿠쿠미스 안구리아*Cucumis anguria*이며 일반적인 것보다 작은 오이를 가리킨다. 대체로 크기가 새끼손가락 정도 되는 이 오이는 어릴 때 수확해서 피클로 만든다. 수확하지 않고 두면 자랄수록 표면의 울퉁불퉁한 부분이 날카로운 가시가 된다.

'**게르킨**'은 이 오이로 만든 피클을 가리키기도 한다. 식초에 절여서 만들고, 주로 설탕과 함께 강황, 셀러리 씨앗 같은 향신 재료를 함께 넣는다. **코르니숑**cornichon도 게르킨 오이로 만든 피클이라는 점은 같지만 맛이 다르다. 코르니숑에는 반드시 타라곤tarragon(프랑스 요리에 많이 사용되는 다년생 허브—옮긴이)이 들어가고, 절일 때 설탕을 넣지 않는다.

염장 vs 초절임 vs 피클링 vs 저장 식품

칸나비디올cannabidiol이 들어간 탄산수(칸나비디올은 환각을 일으키지 않는 대마의 성분이다. 우리나라는 수입과 사용이 제한되지만, 세계 여러 나라에서 의료용 대마로 분류되어 식음료에 합법적으로 쓰인다—옮긴이), 콜리플라워로 반죽을 만든 피자, 타이다이 프라푸치노(타이다이tie-dye는 홀치기염색을 뜻하며, 다양한 색이 섞인 음료 이름에도 사용된다—옮긴이), 호박 국수 같은 독특한 음식이 등장하기 전은 물론이고, 냉장고나 냉동고, 심지어 아이스박스가 발명되기 전에도 인간은 먹고 살았다. 주변 환경에 고기며 생선, 과일, 채소, 그 밖에 맛있는 것들이 잔뜩 널려 있어도 태양빛이 점점 뜨거워지는 계절이면 전부 맛이 변한다는 사실을 알게 된 인류의 조상은, 창의력을 발휘해 귀중한 식량을 신선한 상태로 더 오래 보존할 방법을 찾아야만 했다. 며칠, 몇 주, 몇 달, 심지어 몇 년씩 다른 곳에 있다가 와도 변함없이 맛있게 먹을 수 있는 방법이 필요했다. 피클을 만들고, 소금물에 담그고, 산성 재료에 재우고, 절이는 방식은 이렇게 탄생했다. 지금도 우리는 음식을 오래 보존하기 위해 이러한 방법을 활용한다. 하지만 각각이 구체적으로 어떻게 다른지는 잘 모르는 사람들이 많다.

갖가지 보존 식품으로 식품 저장실을 꽉 채우기 전에 먼저 소금과 산 이야기부터 해보자. 소금과 산은 음식을 보존하는 두 가지 주요 매개물질이다. 둘 다 음식이 썩지 않게 막아주고, 대체로 이 두 재료에 보존하면 음식이 처음과는 완전히 다른 음식이 된다. 소금을 이용해 음식을 보존하는(그리고 맛을 더하는) 방법을 **염장**brine이라 하고, 산으로 음식을 보존하는(마찬가지로 맛을 더하는) 방법을 **초절임(마리네이드)**marinade이라고 한다.

전통적인 **염장**은 소금물을 이용한다. 채소, 과일, 육류, 생선까지 거의 모든 음식을 오래 보존하고 맛을 더할 수 있는 방법이다(소금물에 담그는 대신 소금에 파묻어두는 방식을 '건식 염지'라고 한다). 육류를 몇 시간 또는 며칠간 염지한 후에 익히면 더 촉촉하고 부드럽다. 소금은 근육 섬유를 분해하므로 액체가 육류에 더 많이 흡수되고 따라서 과하게 질겨지지 않는다. 생선도 단시간 소금물에 담가두면 비슷한 효과를 얻을 수 있다. 록스(84쪽 참고), 안초비(멸치과 어류를 소금에 절여서 발효시킨 음식—옮긴이), 소금에 절인 대구는 그보다 훨씬 더 길게 몇 주에서 몇 개월씩 소금에 절여서 만들고, 이 과정에서 처음과는 전혀 다른 특성이 생긴다. 소금이 해로운 세균의 증식을 억제하고 감칠맛을 내는 성분은 대폭 늘리므로, 절이지 않고 그냥 먹을 때는 느낄 수 없는 복합적인 맛과 향이 생긴다.

초절임은 산이 이 역할을 수행한다. 식초, 와인, 과일즙, 버터밀크와 같은 산성 재료는 미생물을 없애는 효과가 탁월하므로, 초절임 역시 훌륭한 식품 보존법이다. 음식에 풍미를 더하고, 생선이나 육류의 근육 조직을 연하게 만들어서 익혀도 수분이 더 많이 보존된다는 점도 염장과 동일하다.

그럼 **피클로 만들기(피클링)**pickling는 어느 쪽으로 분류해야 할까? 식품과학자 해럴드 맥기는 소금물에 담그거나(염장) 강산에 담그는(초절임) 방식으로 보존된 음식이 피클이라고 정의했다. 따라서 피클은 염장 식품이자 초절임 식품이다! 단, 둘 중에 어떤 방법을 쓰든 맛이 아니라 '보존'에 중점을 두어야 한다. 예를 들어 굽기 전에 잠시 산성 재료에 담가둔 스테이크는 피클이라고 하지 않는다. '피클링'이라는 표현이 다른 의미로 쓰일 때도 가끔 있지만, 채소와 과일을 보존하는 방법을 가리키는 말로 가장 많이 쓰인다. 절인 오이는 물론 올리브, 절인 레몬, 김치, 사워크라우트도 모두 피클이다.

피클을 만들 때 소금과 산(주로 식초) 중 어느 쪽이든 사용할 수 있지만, 용도가 크게 다르다. 앞서 언급한 사워크라우트나 김치, 절인 레몬은 염장 식품인 동시에 **발효** 식품이다. 이 경우 소금이 유익한 특정 미생물의 증식을 촉진하고, 음식에 악영향을 주는 다른 미생물의 증식은 억제한다. 사용하는 소금의 농도, 발효 기간, 온도, 그리고 재료가 되는 식품에 따라 완성된 피클의 특징이 결정된다.

반면 산성 재료에 절여서 만드는 피클은 **발효와 무관**하다. 식초는 부패를 일으키는 미생물의 증식을 막고 음식의 풍미를 높이지만, 음식을 발효시키는 미생물의 증식을 촉진하진 않는다. 또한 산성 재료로 피클을 만들면 완성까지 소요되는 시간이 훨씬 짧고 식감도 더 쉽게 조절할 수 있다. 그러나 풍미는 소금을 이용해서 만든 피클보다 덜 복합적이다.

그럼 **저장 식품**curing은 무엇일까? 염장, 피클, 초절임, 훈연 등 음식을 보존하고 부패를 막는 방법은 모두 저장 방식이다. 특정한 처리를 해서 오래 보관하는 음식은 다 저장 식품이다. 그러므로 남들 눈에 띄지 않도록 찬장 구석에 숨겨둔 오레오 쿠키도 저장 식품이다.

코셔 피클 vs 브레드 앤드 버터 피클

이제 여러분도 소금이나 산, 또는 이 두 가지를 모두 사용해서 보존한 음식을 피클이라고 한다는 사실을 잘 이해했을 것이다. 이제 좀 더 구체적으로 살펴보자.

코셔 피클kosher pickles은 코셔 소금을 녹인 물에 오이를 담가서 발효시킨 것으로, 대부분 큰 통이 사용된다. 발효 기간이 길수록 신맛이 강해진다. 1~2주 정도 발효하면 '반쯤 신맛'이 되고, 3개월이 지나면 '완전한 신맛'이 된다. 이렇게 발효된 오이를 씻어서 병에 담고 소금물과 마늘, 딜을 넣은 것을 **'코셔 딜'**이라고 한다. 마늘로 맛을 더한 피클만이 **'진품**genuine**'**으로 여겨진다. 전통적인 코셔 피클에는 소금물에 식초를 넣지 않지만, 오늘날 판매되는 제품은 상온에서 오래 보존하기 위해 대부분 식초를 사용한다.

브레드 앤드 버터 피클 Bread 'n' Butter Pickles은 갈색 설탕이나 설탕 시럽을 넣고 강황, 생강 등 향신료를 추가한 식초에 오이를 담가서 새콤달콤한 맛을 낸 피클이다. 보통 완성되면 노르스름한 색이 되며 네온 빛깔이 살짝 나타나기도 한다. 빵과 버터, 피클만으로 만든 샌드위치를 먹었던 대공황 시기에 이런 이름이 생겨난 것으로 추정된다. 당시에 정말로 그런 샌드위치가 있었는지 조사한 결과를 봐도 그렇고 다소 의구심이 드는 이야기이긴 하지만, 이름의 기원과 상관없이 버터 바른 빵은 물론 익혀서 차게 두었다가 먹는 육류, 햄버거, 심지어 땅콩버터를 바른 빵과도 아주 잘 어울린다.

제과 제빵

BAKING

베이킹소다 vs 베이킹파우더

이 책에서 비교하는 몇 가지는 그 차이점이 무시해도 좋을 만큼 극히 작거나, 심지어 알고 보면 차이가 없기도 하다. 하지만 베이킹소다와 베이킹파우더는 그렇지 않다. 두 가지는 완전히 다르므로 바꿔서 쓰면 무엇을 요리하든 망칠 가능성이 매우 높다.

과학적으로는 공통점이 있다. 알칼리(염기) 성분이 산 성분과 섞이면서 반응이 일어난다. 산과 염기의 반응에서 나오는 산물 중 하나가 이산화탄소이고, 우리 눈에는 부글부글 일어나는 거품으로 나타난다. 베이킹소다와 베이킹파우더 모두 이 반응을 촉진한다. 하지만 그 방식은 다르다.

베이킹소다baking soda는 중탄산나트륨($NaHCO_3$)이라는 물질의 일반명이다. 중탄산나트륨은 알칼리 물질이므로, 재료를 부풀어오르게 만들려면 함께 반응할 산이 있어야 한다. 버터밀크, 요구르트, 황설탕, 초콜릿, 과일주스, 알칼리화 처리를 하지 않은 코코아 파우더(271쪽 참고) 등이 그러한 재료가 될 수 있다. 혼합물에 이런 산성 재료가 충분히 포함되지 않으면 중탄산나트륨이 그대로 남게 되므로, 무엇을 만들든 쓰고, 비누 맛이 나고, 뒷맛이 떫은 음식이 되고 만다.

베이킹파우더baking powder는 이와 달리 자체적으로 재료를 팽창시킬 수 있다. 알칼리 물질인 베이킹소다와 주로 주석산이 결정화된 고형 산 성분이 함께 들어 있기 때문이다. 그래서 수분만 있으면 화

팽창제

학반응이 시작된다. 슈퍼마켓에서 판매되는 베이킹파우더는 대부분 두 번 작용한다. 반죽에 처음 넣을 때 한 번, 베이킹 과정에서 다시 한 번 반응이 일어나도록 만들어졌다(음식점이나 식품 제조업체에서 쓰이는 특수한 베이킹파우더는 산이 천천히 방출되어 반응 시간을 좀 더 유연하게 조정할 수 있다).

베이킹소다와 베이킹파우더는 이렇듯 산성 물질이 재료에 포함되도록 챙겨야 하는 것과 혼자서도 재료를 부풀어오르게 만들 수 있는 강력한 것으로 간단히 구분할 수 있다. 그런데 왜 어떤 레시피에서는 베이킹소다와 베이킹파우더를 '둘 다' 넣으라고 할까? 레시피마다 요리에 사용되는 산성 물질의 양이 크게 다르고, 최종적으로 얻고자 하는 음식의 맛이나 질감도 다르다. 산성 물질의 양이 재료를 완전히 부풀리는 데에 필요한 이산화탄소를 충분히 만들지 못한다면, 산 없이도 그 작용을 도와줄 가루가 조금 필요할 수 있다. 또는 버터밀크 비스킷이나 레몬 케이크처럼 쨍한 신맛이 나야 하므로, 재료로 들어가는 산성 물질이 전부 염기와 반응해서 기체로 바뀌면 안 되는 경우도 있다. 이럴 때 베이킹소다와 베이킹파우더가 함께 사용된다. 완성될 음식의 질감과 맛에 균형을 잡고, 음식을 그냥 만드는 게 아니라 만족스럽게 먹기 위한 방법이다.

서브 vs 호기 vs 히어로 vs 그라인더

세상에는 아주 간단한 것도 많다. 예를 들어 빵 두 개 사이에 재료를 끼운 음식을 우리는 간단히 샌드위치라고 한다. 그런데 여기에 그냥 빵이 아니라 기다란 빵이 등장하면 굉장히 복잡해진다.

서브sub라고도 하는 **서브마린**submarine 샌드위치부터 시작하자. 길이는 최소 15센티미터이고 속에는 고기와 치즈, 샌드위치에 늘 곁들이는 재료(양상추, 토마토 등), 그리고 드레싱이 들어간다. 대부분 차갑게 먹는다. 구글의 인기 검색어 통계에 따르면, 이러한 샌드위치를 가리키는 표현 중에서는 '서브'가 현재 미국 전 지역에서 가장 압도적으로 많이 쓰인다. 딱 한 곳, 펜실베이니아주만 예외다.

펜실베이니아에서도 필라델피아에 거주하는 사람들에게는 '**호기**hoagie'가 있기 때문이다. 호기는 서브 샌드위치의 다른 이름이다. 『옥스퍼드 영어사전』에서 '호기'를 찾아보면 '서브마린 샌드위치'라는 설명이 나온다. 하지만 펜실베이니아 사람들은 자신들만의 고유한 음식이라고 주장해왔다. 《보나페티》 잡지에 따르면, 호기라는 표현은 대공황 시기에 재즈 음악가이자 샌드위치 매장 운영자였던 알 드 팔마가 서브마린 샌드위치를 '호기스hoggies'라고 부르기 시작하면서 생겨났을 가능성이 크다. 이렇게 큰 샌드위치를 다 먹는 사람은 "돼지hog가 아닐 리 없다"라는 뜻에서 붙인 이름이다(너무 심한 평가다!). 시간이 흐르면서 돼지를 뜻하는 'hoggies'가 'hoagies'로 철자가 바뀌고, 이 지역에서 샌드위치를 칭하는 고유한 이름이 되었다.

뉴욕에 가면 비슷하게 생긴 샌드위치가 '**히어로**hero'라 불린다. 1936년에 《뉴욕 헤럴드 트리뷴》의 칼럼니스트 클레먼타인 패들포드가 이만큼 큰 샌드위치는 "영웅이 아니고서는 다 먹을 수 없다"라고 표현하면서 생긴 명칭으로 추정된다. 그런데 히어로 샌드위치는 서브마린과 달리 차갑게 먹기도 하지만 뜨겁게 만들어 먹기도 한다. 그래서 뉴욕의 샌드위치 가게에 가면 메뉴판에서 '미트볼 히어로'나 '치킨 파르메산 히어로' 같은 종류를 볼 수 있다.

마지막으로 **그라인더**grinder는 뉴잉글랜드주에서 히어로 샌드위치를 부르는 이름이다. 《보나페티》는 그라인더라는 표현이 이탈리아 출신 미국인들이 부두 노동자를 지칭하던 은어라는 주장도 제기된다고 전했다. 그러한 노동자들이 녹슨 선체를 사포로 열심히 갈아서grind 페인트를 새로 칠하는 일을 했기 때문이다. 하지만 그것보다는 일반적인 샌드위치보다 꼭꼭 오래 씹어야 한다는 의미가 담긴 이름일 가능성이 더 크다. 실제로 해당 잡지에는 이런 글이 실렸다. "한 입 베어 문 다음에는 한참 씹어야 하므로, 치아가 하는 일을 나타낸 '가는 기구grinder'라는 이름이 붙여졌을 것이다."

효모

생 효모 vs 활성 건조 효모 vs 인스턴트 효모

크루아상, 시나몬롤, 피자, 프레첼 등 어떤 빵을 굽든, 매우 보잘것 없어 보이지만 아주 유서 깊은 단세포생물의 도움을 받아야 한다. 학명으로는 사카로미세스 세레비시에*saccharomyces cerevisiae*, 흔히 효모(이스트)로 알려진 생물이 그 주인공이다. 빵을 한번 만들어보면 제빵이 사람을 참 겸손하게 만드는 경험임을 깨닫게 된다. 인터넷에서 본 포동포동하게 부풀어오른 멋진 포카차focaccia(밀가루에 소금, 올리브유를 넣고 만드는 납작한 모양의 이탈리아 전통 발효 빵—옮긴이)는 어디로 가고 눈앞에 '썩 나쁘지는 않지만' 우중충한 색깔에 식감은 꼭 스티로폼을 씹는 것 같은 포카차가 나타난다. 그럼 그 자그마한 미생물이 얼마나 큰 역할을 하는지 단번에 알게 된다.

효모가 제 기능을 다하게 하려면 먼저 올바른 종류를 골라야 한다. 생 효모, 활성 건조 효모, 인스턴트 효모 중에 선택할 수 있다. **생 효모**fresh yeast는 가볍고 부드러우며 굉장히 상하기 쉬워서 반드시 냉장 보관해야 한다. 그렇게 해도 보관 가능한 기간은 몇 주 정도다. 전체 무게의 70퍼센트는 수분이고 모든 효모 세포가 살아서 활성화된 상태이므로, 사용 전에 생사를 확인할 필요가 없다. 빵을 만들 때 바로 넣어도 된다는 뜻이다. 맛은 어떨까? 모든 효모는 음, 효모 맛이 나는데 생 효모는 그 맛이 단연 또렷하게 느껴진다. "좀 더 꽃향기에 가깝고, 두드러집니다." 베이킹 전문가이자 요리책 저술가인 에린 맥다월의 말이다. "종류가 각기 다른 효모로 만든 빵이 앞에 있으면, 저는 그중에서 생 효모가 들어간 빵을 골라낼 수 있어요."

활성 건조 효모active dry yeast는 과립 형태로, 유리병에 담기거나 7그램 단위로 소포장되어 판매된다. 건조물 비중이 95퍼센트인 이런 제품은 효모를 고온에 노출시켜서 만든다. 그만큼 파괴되는 효모가 많으므로 사용 전에 '살았는지 죽었는지 확인'해야 한다(섭씨 40~45도 정도의 따뜻한 액체에 녹여보면 된다). 활성이 남은, 살아 있는 세포는 죽은 세포와 달리 물에 닿으면 거품이 생긴다.

인스턴트 효모instant yeast도 과립 형태에 건조물이 95퍼센트지만, 건조 과정이 좀 더 조심스럽게 진행되어 입자가 모두 활성 상태를 유지한다. 그래서 생사를 확인하지 않고 바로 사용하면 된다. 인스턴트 효모는 활성 건조 효모보다 기능이 더 빨리 발휘되므로 발효 시간을 약 50퍼센트 단축할 수 있다. 발효 전에 효모를 물에 넣어서 정말로 부풀어오르는지 확인하는 시간까지 절약하므로, 부엌에서 보내는 총 시간을 줄일 수 있다.

이제 중요한 질문이 남았다. 세 가지 효모는 서로 바꿔서 사용해도 될까? 어느 정도 가능하다. 맥다월은 생 효모를 쓸 때와 과립형 효모를 쓸 때 어떤 차이가 있는지 확실하게 아는 경우에만, 생 효모 대신 과립형 효모를 쓰는 것이 좋다고 권고한다. 『모더니스트 브레드』의 저자 네이선 미어볼드에 따르면, 집에 인스턴트 효모밖에 없는데 활성 건조 효모가 필요한 경우에는 레시피에 나온 활성 건조 효모의 양에 1.33을 곱한 만큼 인스턴트 효모를 넣으면 된다. 반대로 인스턴트 효모는 없고 활성 건조 효모만 있다면 레시피에 나온 인스턴트 효모 양에 0.75를 곱한 만큼 활성 건조 효모를 넣으면 된다.

벨기에 vs 리에주

미국 요리를 제공하는 음식점, 전 세계에 체인이 있는 호텔, 또는 각양각색의 음식이 나오는 뷔페에 가면 **벨기에 와플**belgian waffle을 접하게 된다. 하지만 실제로 벨기에에 가서 벨기에 와플을 찾으려 하면, 아무리 눈 씻고 살펴봐도 보이지 않는다. **브뤼셀 와플**brussels waffle, **리에주 와플**liège waffle 가게만 있을 뿐이다.

브뤼셀 와플이 바로 우리가 생각하는 벨기에 와플이다. 폭신하고 노르스름한 빵에 토핑이 올라갈 수 있도록 깊은 홈이 폭폭 들어간 모양이다. 브뤼셀 와플 반죽에는 빵을 부풀리는 재료로 효모가 아닌 베이킹파우더가 들어가므로, 바쁜 아침 시간에 몇 분이면 뚝딱 만들 수 있다. 와플만 먹으면 그리 풍부한 맛을 느낄 수 없지만 휘핑크림이나 시럽, 딸기, 엠앤엠즈 초콜릿, 그 밖에 무엇이든 입맛에 맞는 재료를 곁들여 먹기에 좋다.

리에주 와플은 벨기에 와플의 친척쯤 되는데, 그냥 친척이 아니라 유럽에서 1년쯤 살다가 멋진 남자친구를 대동하고 끝내주는 헤어스타일로 돌아온 아주 세련된 사촌이라고 보면 된다. 브리오슈 반죽에 효모가 들어가고, 반쯤 녹은 우박설탕이 콕콕 박혀 있다. 충분히 단단해서 손에 들고 다니며 먹기에도 좋은 간식이다. 리에주 와플은 토핑 없이 먹어야 제대로 된 맛을 느낄 수 있고, 잘 만들어진 건 식어도 맛이 좋다(반면 브뤼셀 또는 벨기에 와플은 차갑게 식은 것을 먹는다는 생각만 해도 속이 울렁거린다).

벨기에에서는 리에주 와플이 훨씬 인기가 많다. 우리가 '벨기에 와플'이라고 부르는 것이 리에주 와플과는 사뭇 다르다는 사실이 이상하게 느껴질 정도다. 심지어 와플에다 오레오부터 구미베어까지 온갖 토핑을 올려 먹는 것도 참 희한하다. 그렇다고 맛이 없어지지는 않지만.

중력분 vs 강력분 vs 페이스트리 밀가루 vs 박력분

미국에서는 코로나바이러스 대유행이 시작된 초기에 근처 슈퍼마켓 어디를 가도 그 흔한 중력분을 단 한 봉지조차 구할 수 없었다. 그때 식료품 창고 구석 어딘가에 보관해둔 오래된 박력분으로 사워도를 만들어도 되는지, 또는 강력분으로 파스타 면을 만들어도 되는지 궁금했던 사람이 있었을 것이다. 밀가루마다 라벨에 구체적인 용도가 떡하니 적혀 있으니 이런 고민을 할 수밖에 없다. 표시된 용도대로 정확하게 빵, 케이크, 페이스트리를 만들 때는 상관없지만 거기에 적힌 것 말고 다른 음식에 쓰려고 하면 고민이 된다.

중력분, 강력분, 페이스트리 밀가루, 박력분 모두 겉으로 보기에는 다 하얀 밀가루다. 공통적으로 밀알에서 겨와 배아를 제거하고 전분 함량이 높은 배유만 남겨서 만든다. 차이점은 단백질의 함량이다. 라벨에 밀가루 종류마다 각기 다른 명칭을 쓰는 기준이기도 하다. 모든 밀가루에는 두 종류의 단백질이 들어 있다. 반죽에 탄력을 부여하는 글루테닌과, 쭉쭉 잘 늘어나고 더 크게 부풀어오르도록 하는 글리아딘이다. 단백질 함량이 많은 밀가루로 만든 음식은 쫄깃하고 단단하다. 반대로 함량이 적은 밀가루로 만들면 가볍고 더 자잘한 부스러기가 생긴다.

가장 많이 쓰이는 밀가루 종류와 용도를 알아보자.

중력분All-Purpose Flour

중력분의 특징은 직역하면 '다목적 밀가루'인 영어 명칭에 정확히 담겨 있다. 빵을 만들 때 쓰면 충분히 단단한 형태가 잡히고 과자를 만들 때 쓰면 또 너끈히 가벼운 식감이 나오니, 주방 최고의 일꾼으로 꼽힐 만하다. 중력분을 구입할 때는 표백 처리가 안 된 제품, 즉 화학적으로 하얗게 처리하지 않은 것을 선택하자. (밀을 제분하면 처음엔 노르스름하다가 시간이 지나면 색이 흐려져서 하얗게 된다.) 중력분의 단백질 함량은 지역마다 다르다. 미국 전역에서 가장 많이 쓰이는 제품은 단백질 함량이 11~12퍼센트지만, 미국 남부와 태평양 연안 북서부 지역의 중력분은 단백질 함량이 7.5~9.5퍼센트다. 일정한 결과물을 얻고 싶다면 보편적인 제품을 쓰는 것이 최선이다. 밀가루가 재료로 들어가는 레시피는 대부분 그러한 일반적인 중력분을 기준으로 작성된다. (그러나 비스킷을 만들고 싶다면 '화이트릴리'처럼 다양한 제품군을 갖춘 브랜드에서 알맞은 밀가루를 찾아보는 게 좋다.)

강력분Bread Flour

강력분은 단백질 함량이 12~13퍼센트로 베이글, 캄파뉴, 몇 가지 피자를 만들기에 적합하다(사워도에 사용해도 된다). 흰 빵, 할라(유대교에서 축일에 먹는 흰 빵—옮긴이), 모닝빵처럼 더 부드러운 빵을 만들 때는 중력분이 더 나을 수 있다.

페이스트리 밀가루Pastry Flour

단백질 함량이 8~9퍼센트인 페이스트리 밀가루는 적당히 부드러우면서도 섬세하고 자잘한 가루가 생기는 과자나 빵에 어울린다. 퀵브레드(밀가루 반죽에 효모 대신 베이킹파우더나 베이킹소다 같은 팽창제를 넣고 바로 구워서 만든 빵—옮긴이), 머핀, 특정 쿠키가 해당된다.

박력분Cake Flour

영어에서는 박력분을 '케이크 밀가루'라고 하는데, 케이크가 페이스트리 아닌가? 맞다. 하지만 케이크 밀가루와 페이스트리 밀가루는 다르다. 박력분은 단백질 함량이 더 낮고(7~8퍼센트), 단백질의 기능을 줄이기 위해 이산화염소나 염소 기체로 처리한다. 그러면 전분 입자에 영향이 발생해서 결합 가능한 무게가 늘어나므로, 염소 처리를 하지 않은 밀가루보다 반죽에 섞이는 설탕과 액체의 양이 더 많다. 그냥 중력분이나 페이스트리 밀가루로 만드는 케이크도 많지만, 시폰케이크처럼 극히 가볍고 폭신한 식감을 만들려면 박력분을 사용해야 한다.

코블러 vs 크럼블 vs 크리스프 vs 베티 vs 버클 vs 팬다우디

코블러Cobbler

코블러는 그릇에 과일을 가득 담고 그 위에 비스킷 반죽이나 파이 반죽, 케이크 반죽을 '자갈을 깔듯이cobbled' 올려서 오븐으로 익힌 음식이다. 옛날 방식으로 만드는 코블러는 비스킷 부분이 아래로 가도록 그릇에 거꾸로 담아서 내기도 한다.

크럼블Crumble

깊은 그릇에 과일을 담고, 그 위에 버터, 밀가루, 귀리, 때로는 견과류도 함께 넣어서 만든 슈트로이젤streusel(밀가루, 설탕, 버터를 기본으로 계피, 바닐라 등 다양한 재료를 추가해서 부슬부슬하게 만드는 토핑—옮긴이)을 올린 디저트다.

크리스프Crisp

크럼블과 동일하지만 슈트로이젤에 귀리가 들어가지 않는다.

베티Betty

캐서롤 냄비에 과일과 버터가 들어간 빵 부스러기를 층층이 담아 오븐에 굽는다.

버클Buckle

과일이 콕콕 박히고 슈트로이젤이 토핑으로 올라간 케이크. 보통 커피와 함께 먹는다. 내가 조사한 결과에 따르면, 버클에 들어가는 슈트로이젤에는 귀리를 넣어도 되고 안 넣어도 된다.

보이 베이트Boy Bait

버클과 동일하지만 슈트로이젤 토핑이 없는 케이크.

그런트Grunt

철제 솥이나 무쇠 냄비에 과일 재료를 담고 비스킷이나 파이, 케이크를 위에 올려서 가스레인지로 익힌 과일 디저트. 코블러와 매우 비슷하지만 요리 방식이 '굽기'가 아닌 '찜'이라는 차이가 있다.

슬럼프Slump

미국 뉴잉글랜드 지역에서 코블러를 칭하는 이름.

팬다우디Pandowdy

코블러와 비슷하지만 비스킷이나 파이 반죽을 돌돌 말아 과일 위에 올려서 만든다. 위에 올린 반죽을 굽는 과정에서 칼로 여러 군데 자르거나 숟가락으로 깬 다음 아래쪽으로 밀어 넣어 사이사이에 과일이 올라오도록 만든다.

슐룸프Schlumpf

내 친구가 맛있는 블루베리 슐룸프 레시피라며 알려준 적이 있는데,

그 외에는 슐룸프에 관해 들어본 적이 한 번도 없다. 엄밀히 말하면 바삭바삭한 디저트에 가깝지만, 사실 이런 종류의 디저트에는 아무거나 마음대로 이름을 갖다 붙여도 다 그럴싸하지 않을까 하는 생각이 든다.

보너스로 하나 더: 쇼트케이크Shortcake

단맛이 강하지 않은 비스킷과 휘핑크림, 생과일을 각각 준비해 여러 층으로 쌓아서 만든다. 재료는 코블러와 비슷하지만(똑같이 과일과 비스킷이 들어가므로) 쇼트케이크는 과일을 익히지 않는다. 즉 쇼트케이크에 들어가는 비스킷은 과일 재료 위에 얹어서 익히지 않고 따로 굽는다.

크렘 브륄레 vs 플랑 vs 판나코타

이번 주제를 본격적으로 설명하기 전에 먼저 커스터드 이야기부터 해야 한다. 베이킹 전문가이자 요리책 저자인 에린 맥다월에 따르면 페이스트리 학교에서 가르치는 커스터드는 총 세 종류다. 가스레인지 등으로 가열해서 만드는 커스터드, 오븐에 구워서 만드는 커스터드, 그리고 차갑게 만드는 커스터드다.

저으면서 만드는 커스터드 또는 끓여서 만드는 커스터드로도 불리는 첫 번째 종류는 불 위에서 단단하게 굳을 때까지 끓인 후에 식혀서 낸다. 페이스트리 크림, 푸딩, 포 드 크렘(초콜릿이나 바닐라 커스터드로 만드는 프랑스 전통 디저트. '작은 그릇에 담긴 크림'이라는 뜻이다—옮긴이)이 이러한 종류다.

플랑flan과 **크렘 브륄레**crème brûlée는 오븐에 넣어서 익히는 두 번째 종류에 속한다. 대부분 중탕으로 젤 형태가 될 때까지 열을 가한다(중탕을 하는 이유는 커스터드가 갈라지거나 과하게 익지 않도록 하기 위해서다). 크렘 브륄레는 맨 윗부분을 불에 태워서(이것을 프랑스어로 '브륄레'라고 한다) 바삭하고 달콤한 설탕 층이 황금빛 뚜껑처럼 형성되는 것이 특징이다. 이 부분을 숟가락으로 톡톡 쳐서 깨뜨린 다음에 먹는다. 치즈케이크도 오븐에 굽는 커스터드다. 플랑이나 크렘 브륄레보다는 케이크에 더 가깝지만 특징은 비슷하다.

판나코타panna cotta는 차게 만드는 커스터드에 해당한다. 가스레인지로 설탕이 다 녹을 때까지 살짝 열을 가한 후 젤라틴을 넣고 식힌다. 오븐에 굽거나 팔팔 끓이거나 다른 어떤 식으로든 '익히는' 과정이 없다. 또한 플랑과 크렘 브륄레는 달걀이 재료에서 아주 큰 비중을 차지하는 반면, 판나코타는 달걀이 들어가지 않고 단백질의 일종인 젤라틴으로 단단하게 만든다. 그래서 완성된 후 식감에도 차이가 있다. 판나코타는 플랑과 크렘 브륄레보다 농도가 짙고 단단해서 숟가락이나 포크로 한번 뜨면 그 자국이 그대로 남는다.

이 세 가지 디저트는 원산지가 제각기 다르다. 플랑은 원래 스페인의 특별한 음식이었다가 다른 나라로 전해졌으며 중세 시대인 약 6세기부터 요리법이 알려졌다. 판나코타는 19세기 이탈리아에서 탄생한 디저트로 '익힌 크림'이란 뜻이다. 크렘 브륄레는 프랑스의 유명한 음식으로 알려져 있으나, 사실 먼 옛날 영국에서 전해졌다. 『요리사의 필수 요리 사전』에 따르면, 프랑스 음식 애호가였던 토머스 제퍼슨이 18세기에 '크렘 브륄레'라는 이름을 붙였다고 한다.

파이 vs 타르트

파이와 타르트의 공통점부터 찾아보자. 둘 다 껍질 안쪽에 속 재료를 채운 후 구워서 만드는 음식이다. 짭짤하게도 달콤하게도 만들 수 있고, 정말 맛있다는 것 역시 공통점이다.

하지만 파이와 타르트는 확실한 차이가 있다. **파이**pie는 껍질이 바닥에 깔리거나, 위에 올라가거나, 위와 아래에 모두 있다. 바나나 크림파이, 더블 크러스트 애플파이, 위에 격자무늬 껍질이 올라간 호박파이, 치킨 팟파이pot pie(속이 깊은 그릇에 속 재료를 담고 반죽을 뚜껑처럼 덮어서 구운 파이—옮긴이)를 떠올려보면 알 것이다. 파이는 타르트보다 속 재료의 비중이 크며 테두리가 바깥쪽으로 넓게 벌어지는 팬이 대부분 사용되지만, 바닥과 테두리 부분이 분리되는 팬springform pan, 가장자리가 밑면과 직각으로 만나는 팬에 구워도 전혀 상관없다. 모든 파이는(적어도 잘 만든 파이는) 껍질이 바삭하고 얇은 층이 여러 겹으로 형성되므로 포크로 푹 뜨면 잘 부스러지며, 먹고 나면 항상 노릇하고 자잘한 가루가 생긴다.

타르트tart는 껍질을 바닥에 까는 방식으로만 만든다. 타르트 껍질은 파이 껍질보다 밀도가 높고 더 잘 부스러진다. 일반적으로 테두리의 높이가 파이보다 낮고 속 재료의 비중도 파이보다 작다. 타르트는 보통 테두리와 바닥이 분리되는 틀이나 바닥이 없는 링 모양의 틀로 만들고, 다 굽고 난 후 테두리나 링을 제거한다. 그래서 많이 구워져서 진한 갈색을 띠는 부분이 파이보다 적다. 속 재료는 굉장히 다양하지만 대체로 굽지 않은 생 재료가 채워진다. 프렌치 페이스트리 크림을 채우고 위에 생과일을 올리거나, 캐러멜과 가나슈를 층층이 넣거나, 포르투갈식 에그 타르트인 파스텔 드 나타pastel de nata처럼 커스터드를 채운 다음 살짝만 구워서 완성한다.

이렇듯 파이와 타르트의 차이는 깔끔하고 명료해서 아주 만족스럽다고 생각하려는 찰나, 문득 이런 의문이 든다. '그럼 치즈케이크는 케이크야, 파이야, 아님 타르트야?' 정답은 249쪽에 있다.

파이
타르트

설탕

SUGAR

정제당 vs 슈거 파우더 vs 분당

가루 설탕 Superfine sugar(또는 **정제당**castor)은 이름 그대로 일반적인 과립 설탕보다 입자가 훨씬 더 미세한 설탕이다. 과자와 빵을 만들 때는 어떤 질감의 설탕을 사용하느냐에 따라 완성된 음식의 특징이 달라진다. 예를 들어 케이크에 버터와 함께 들어가는 설탕은 일반적인 가루 설탕을 써야 자잘한 공기 주머니가 형성되어 밀도가 높아지고 식감이 보슬보슬해진다. 다른 설탕으로는 이러한 식감을 만들 수 없다. 머랭을 만들 때도 가루 설탕을 써야 설탕 결정이 작아서 빨리 녹고, 완성된 후에 설탕이 씹히거나 제대로 굳지 않아 흘러내리는 것을 방지할 수 있다. 바텐더들이 차갑게 내는 음료나 시럽에 즐겨 쓰는 설탕도 마찬가지다. 아이스커피에 일반 설탕을 넣었다가 설탕을 씹은 적이 있는가? 가루 설탕을 쓰면 그럴 일이 없다.

분당powdered sugar 또는 **슈거 파우더**confectioners' sugar는 극히 미세한 가루로 만든 설탕으로, 서로 뭉치지 않도록 옥수수 전분을 조금 섞는다(약 3퍼센트). 전분은 안정제 역할을 하고, 휘핑크림이나 너무 묽게 만든 프로스팅에 조금만 넣어도 재료를 단단하게 굳히는 데 도움이 된다. 특히 글레이즈(광택제) 재료로 아주 적합하다(194쪽 참고). 액체(우유나 물)에 조금 넣고 잘 저으면 케이크, 쿠키, 어디든 단단하면서도 반짝반짝 윤기가 나고 자연스럽게 흘러내리는 글레이즈가 된다. 디저트에 슈거 파우더를 그냥 솔솔 뿌리기만 해도 간편하게 멋진 요리로 완성된다.

직접 만들어보자!

푸드프로세서나 블렌더에 과립 설탕을 1컵 넣고 2작은술을 더 넣은 다음 30초간 갈면 가루 설탕이 된다.

또 푸드프로세서나 블렌더에 과립 설탕 1컵과 옥수수 전분 1작은술을 넣고 1분 동안 간 다음 구멍이 아주 미세한 체로 한 번 치면 슈거 파우더 1컵이 나온다.

애플소스 vs 사과잼

애플소스applesauce와 **사과잼**apple butter은 둘 다 사과에 물과 향신료, 때로는 설탕도 조금 넣고 졸여서 만든다. 그럼 어떤 차이가 있을까? 시간이다. **애플소스**는 레인지로(혹은 오븐으로) 가열하는 시간이 적어서 묽고 색이 밝다. 사과를 얼마나 잘게 썰어서 만드느냐에 따라 질감이 부드러울 수도, 덩어리가 씹힐 수도 있다.

애플소스를 계속 졸이면 캐러멜화가 진행되면서 되직한 사과잼이 된다. 영어로는 '애플 버터'로도 불리지만 진짜 버터와의 공통점은 질감뿐이고, 유제품보다는 스프레드, 설탕 절임, 콩포트에 더 가깝다. 토스트나 와플에 발라 먹어도 되고, 샌드위치를 만들 때 빵에 바르거나 요구르트·오트밀에 섞어서 먹기도 한다.

설탕 조림

젤리 vs 잼 vs 처트니 vs 마멀레이드 vs 설탕 조림 vs 콩포트

잼, 젤리, 설탕 조림, 마멀레이드, 콩포트, 처트니는 모두 과일에 설탕을 넣고 열을 가해서 만들며 펙틴이 식감을 좌우한다는 공통점이 있다. 펙틴은 대부분의 식물에서 발견되는 천연 섬유질로, 익힌 과일에 단단한 식감을 부여한다. 그럼 이 모든 음식의 차이점은 무엇일까? 바로 최종 완성된 음식에 과일의 형태가 얼마나 남았느냐다.

과일의 형태를 기준으로 쭉 나열해보면 **젤리**jelly가 한쪽 끝을 차지한다. 가장 단단하고 식감은 부드럽다. 젤리는 보통 과일을 익혀서 으깬 다음 추출한 즙으로 만든다(이 과정에서 과일 혼합물을 가는 체에 걸러 투명한 젤리를 만든다). 이렇게 얻은 즙을 가열하고 설탕과 산을 더한다. 더욱 단단하고 탱탱한 식감을 얻기 위해 분말 펙틴을 추가하기도 한다. 추수감사절에 빠지지 않는 소스인 크랜베리 소스를 통조림 제품으로 구입해서 그릇에 엎어보면 내용물이 단단한 원통 모양 그대로 빠져 나온다. 이런 게 젤리다.

그다음이 (즙을 내는 대신) 잘게 썰거나 퓌레로 만든 과일에 설탕을 넣고 졸여서 만드는 **잼**jam이다. 보통 젤리보다 묽고 숟가락으로 쉽게 뜰 수 있으며 과일 씨나 껍질이 보이기도 한다(딸기잼이나 블루베리잼을 떠올려보라). 잼과 같은 방법으로 만들되 펙틴을 추가하지 않고 식초와 다양한 향신료로 맛을 더한 것이 **처트니**chutney다. 인도 음식에서 많이 쓰인다.

과일의 형태는 **설탕 조림**preserves에 가장 고스란히 남아 있다. 과일을 큼직하게 썰어서 넣기도 하고, 체리나 딸기를 조릴 때는 썰지 않고 통째로도 넣는다. 종류에 따라 묽은 시럽에 과일이 섞인 형태일 수도 있고, 액체가 단단하게 굳은 형태로 완성될 수도 있다. **마멀레이드**marmalade는 감귤류로 만든 설탕 조림을 가리킨다. 여기에는 과육, 속껍질과 더불어 겉껍질도 재료로 쓰인다(감귤류의 겉껍질에는 펙틴이 많다. 마멀레이드가 젤리와 비슷할 정도로 단단한 이유도 이 때문이다).

설탕 조림의 가까운 친척뻘인 **콩포트**compote는 생과일이나 말린 과일에 설탕 시럽을 넣고 약불에서 오래 익혀서 과일 조각의 형태가 그대로 남도록 만든 음식이다. 설탕 조림은 보통 병에 담아서 오래 보관하는 반면 콩포트는 만들어서 바로 먹는다.

자, 그럼 커닝페이퍼를 만들어보자.

젤리: 과일즙+설탕

잼: 잘게 썬 과일 또는 과일 퓌레+설탕

처트니: 잘게 썬 과일 또는 과일 퓌레+설탕+식초+향신료

마멀레이드: 감귤류 전체(잘게 썰거나 원형 그대로)+설탕

설탕 조림: 과일을 통째로 또는 큼직하게 썬 것+설탕

콩포트: 과일을 통째로 또는 큼직하게 썬 것+설탕(보통 저장해두지 않고 완성되면 바로 먹음)

설탕 디저트

캐러멜 vs 버터스카치 vs 둘세 데 레체 vs 카헤타

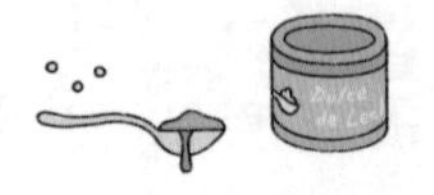

캐러멜, 버터스카치, 둘세 데 레체, 그리고 카헤타는 모두 달콤한 황금색의 시럽과 비슷한 혼합물이다. 열과 설탕의 힘으로 만든다는 공통점도 있으나 그 힘을 이용하는 방식은 제각기 다르다.

캐러멜caramel은 과립 설탕만 가열하거나 물을 아주 조금 넣고 서서히 가열해서 만든다. 설탕이 모두 녹으면 색이 점점 진해지고, 설탕을 구성하는 성분이 분리됐다가 다시 반응이 일어나면서 구운 빵의 향과 풍미가 나는 복합적인 맛이 생긴다. 이러한 과정은 설탕이 액체로 녹는 섭씨 160도에서 시작된다. 170~175도가 되면 흐릿한 금빛의 캐러멜이 되고 굳으면 잘 부서지는 유리 같은 고체가 된다. 크로캉부슈croquembouche 케이크(작은 슈크림을 원뿔 모양으로 쌓은 후 실처럼 가는 캐러멜을 전체적으로 두른 프랑스 디저트—옮긴이)의 겉면도 바로 그런 성질을 이용해서 만든다. 계속 가열해서 온도가 180도 안팎이 되면 중간 정도의 갈색이 되고 식혀도 그리 딱딱해지지는 않는다. 185~195도까지 가열하면 진한 호박색의 캐러멜이 되어 식어도 쫀득하고 연한 식감이 유지된다. 더 높은 온도로 210도까지 가열하면 색이 점점 더 진해져서 검은색 캐러멜이 된다. 맛도 별로인데다 이 정도로 가열하면 냄비를 못 쓰게 만들 가능성이 높지만, 품퍼니

켈pumpernickel(독일의 전통 통호밀빵—옮긴이)이나 콜라와 같은 음식에 갈색을 내는 재료로 활용할 수 있다.

버터스카치butterscotch는 황설탕과 버터를 녹여서 만든다. 따라서 캐러멜보다 더 달콤하고 맛이 부드럽다. 만드는 방법은 놀랄 만큼 쉽다. 두 가지 재료를 넣고 약간 빽빽해질 때까지 가열하면 끝이다. 황설탕과 버터는 강력한 조합이다. 버터는 설탕 입자가 균일하게 녹는 데에 도움이 되고, 황설탕에 포함된 당밀은 산성이라 버터와 섞였을 때 결정이 형성되지 않는다. 캐러멜처럼 미세한 맛을 낼 수는 없지만, 혹시라도 실패할까 봐 스트레스 받지 않고 단 몇 분 만에 맛있는 버터스카치를 만들 수 있다.

둘세 데 레체dulce de leche는 우유와 설탕을 서서히 가열해서 만든다. 보통 몇 시간씩 열을 가해야 깊고 진한 맛에 펴 바를 수 있는 질감의 디저트가 된다. 염소젖으로 만든 둘세 데 레체는 **카헤타**cajeta라고 한다. 둘 다 캐러멜보다 낮은 섭씨 100~105도로 열을 가한다. 설탕의 캐러멜화가 아닌 우유의 젖당과 라이신이 갈색으로 바뀌는 현상(마이야르 반응)으로 인해, 다 완성되면 황금빛이 난다. 캐러멜과 버터스카치보다 부드럽고, 풍부한 견과류의 향이 나며, 맛이 복합적인 것도 이런 차이점에서 비롯된다. 둘세 데 레체와 카헤타는 우유가 약하게 산성임을 고려해서, 산도의 균형을 맞추고 마이야르 반응을 촉진하기 위해 베이킹소다를 첨가하기도 한다.

자, 이제 정리해보자.

과립 설탕(+물) → 캐러멜

황설탕+버터 → 버터스카치

우유+설탕(+베이킹소다) → 둘세 데 레체

염소젖+설탕(+베이킹소다) → 카헤타

황설탕 vs 흑설탕

황설탕은 정확히 어떤 설탕일까? 대체로 미국에서는 바닥이 좁은 길쭉한 상자에 담겨서 판매되고, 꺼내서 계량컵에 부으려고 하면 굳어서 도저히 부을 수가 없어 낑낑대다가 결국 온 사방에 쏟고 마는 그 설탕, 다시 넣어두었다가 다음에 쓰려고 하면 아예 벽돌이 되어서 다이아몬드 못지않게 절대 깨지지 않는 그 설탕 말이다.* 황설탕은 일반적인 하얀 정제 설탕에 당밀을 첨가해서 만든다. 황설탕과 흑설탕의 유일한 차이는 당밀의 함량으로, **황설탕**light brown sugar은 3.5퍼센트이고 **흑설탕**dark brown sugar은 6.5퍼센트다.

그럼 이런 의문이 생긴다. 두 설탕을 바꿔서 써도 될까? 황설탕과 흑설탕은 거의 대부분 바꿔 써도 된다는 반가운 소식을 전한다. 흑

* 인터넷에 떠돌아다니는 정보 중 황설탕이 굳지 않게 보관하는 방법 몇 가지를 모아보았다.

- 밀폐 봉지나 용기에 옮겨서 보관한다.
- 포장을 개봉한 후에는 갓 구운 빵 조각을 하나 꽂아둔다.
- 포장을 개봉한 후에는 마시멜로 하나를 꽂아둔다.
- 포장을 개봉한 후에는 사과를 한 개 넣어둔다.
- 냉장실이나 냉동실에 보관한다.

설탕을 쓰면 완성된 음식의 색이 진해지고 맛도 강해지지만, 구운 과자나 빵을 미인 대회에 출전시킬 생각이 아니라면 그런 건 신경 쓰지 않아도 된다.

정제하지 않은 갈색 원당도 있다. 이러한 원당에는 원료로 쓰인 사탕수수나 야자나무 즙의 무기질과 산성 물질이 전부 고스란히 담긴다. **무스코바도, 터비나도, 데메라라** 설탕이 해당하며, 모두 가공된 설탕보다 복합적이고 미세한 맛을 낼 수 있다. 갈색 또는 흑색 무스코바도 설탕은 일반 황설탕이나 흑설탕처럼 써도 되지만, 터비나도나 데메라라 설탕은 결정이 더 크고 거칠어서 그렇게 쓸 수 없다. 대신 머핀이나 파이, 퀵브레드에 토핑으로 사용하면 아삭한 식감을 더할 수 있다.

초콜릿

CHOCOLATE

비터스위트 vs 세미스위트

달콤 쌉싸래한(비터스위트)bittersweet 초콜릿과 **덜 단(세미스위트)semisweet** 초콜릿이 어떻게 다른지 이해하려면 먼저 초콜릿이 어떻게 만들어지는지 알아야 한다. 카카오나무에서는 길쭉하고 샛노란 열매가 열린다. 열매를 잘라보면 씨앗이 아코디언을 연상시키는 형태로 가득 들어 있는데, 이 씨앗을 분리해서 발효한 후 말리고 굽는다. 그런 다음 딱딱한 껍질을 깨고 속의 내용물만 모아서 잘게 빻아 가루로 만들면 페이스트 형태의 진한 코코아매스, 즉 카카오가 된다. 비터 초콜릿, 베이킹용 초콜릿, 무가당 초콜릿으로도 불리는 순수 초콜릿은 이 코코아매스로 만든다. 여기에 바닐라나 바닐린(합성 바닐라) 같은 향료를 첨가하기도 한다.

자연 상태의 코코아매스는 코코아버터가 약 55퍼센트를 차지하고 나머지 45퍼센트는 초콜릿의 맛을 내는 코코아 고형물로 이루어진다. 코코아버터와 고형물은 분리해서 다양한 비율로 다시 합칠 수 있다. 두 가지가 얼마나 들어가느냐에 따라 초콜릿의 멋진 포장지에 큼직하게 적힌 카카오 함량이 결정된다(포장에 함량이 적혀 있지 않은 초콜릿은 보통 카카오를 53퍼센트 정도 함유한다). 카카오를 제외한 성분은 대부분 설탕이며 레시틴이라는 지방이 포함된 경우도 있다.

자, 이제 처음 질문으로 돌아가 정답을 이야기할 차례다. 사실 **비터스위트**와 **세미스위트**를 구분하는 공식적인 기준은 없다. 세미스위트 초콜릿으로 판매되는 제품과 비터스위트 초콜릿으로 판매되는 제품에 들어간 코코아버터와 코코아 고형물 비율이 같을 수도 있다. 초콜릿에 적용되는 기준은 카카오를 35퍼센트 이상 함유해야 한다는 것이 전부다. 그러므로 직접 먹어보고 어떻게 다른지 확인해보는 게 가장 좋은 방법이다.

천연 파우더 vs 네덜란드 방식으로 가공된 파우더

코코아매스에서 코코아버터를 추출하고 나면 부스러지는 고형물이 남는다. 이 고형물을 잘게 간 것이 코코아 파우더다. **천연 코코아 파우더**natural cocoa powder는 다른 가공 없이 바로 이렇게 만든다. 강렬하게 톡 쏘며 과일처럼 시큼한 맛이 느껴지는데, 실제로 수소이온농도pH가 5에서 6 사이인 산성 물질이다.

네덜란드 방식으로 가공한 코코아 파우더dutch-processed cocoa powder는 산도를 중화하기 위해 칼륨 용액에 세척해서 pH를 7 또는 8로 만든 것을 가리킨다. 이 과정을 거치면 갈색이 더 짙어지고, 톡 쏘는 쓴맛이 느껴지던 가루가 아무런 맛도 안 나는 짙은 염료 같은 물질이 된다. 맛의 균형이 더 잘 맞고 '초콜릿다운' 풍미가 느껴진다.

레시피에 천연 코코아 파우더가 재료로 들어가면 보통 베이킹소다(235쪽 참고)도 함께 사용된다. 산성 물질인 천연 코코아 파우더와 알칼리 물질인 베이킹소다를 함께 넣으면, 두 재료가 반응하면서 이산화탄소가 생기고 반죽이 적당히 부풀어오른다. 네덜란드 방식으로 가공된 코코아 파우더는 일반적으로 베이킹파우더와 함께 사용된다. 이 코코아 파우더는 산성이 아니므로 베이킹소다를 넣으면 반응이 일어나지 않는다. 그러므로 쿠키, 브라우니, 케이크 등 화학적인 팽창제가 재료에 포함된 레시피를 참고해서 음식을 만들 때는 두 가지 코코아 파우더를 바꿔 쓰면 안 된다. 아이스크림, 푸딩, 핫초콜릿과 같은 디저트를 만들 때는 맛이 달라질 뿐 바꿔서 사용해도 된다. 더 진한 초콜릿 맛을 내고 싶다면 네덜란드 방식으로 가공된 파우더를 넣고, 가볍고 시큼한 맛을 원한다면 천연 파우더를 쓰자.

핫코코아 vs 핫초콜릿

핫코코아hot cocoa는 코코아 파우더에 설탕과 우유 또는 크림을 넣어 만든다. 입맛에 따라 재료의 비율을 맞추면 된다. 핫코코아를 만드는 건 빵을 만드는 것과는 다르므로 천연 코코아 파우더와 네덜란드 방식으로 가공된 코코아 파우더 중 아무거나 넣어도 된다. 어느 쪽이든 마셨을 때 마음이 포근해지고 집 생각이 절로 나므로 넣고 잘 저어주면 된다. 네덜란드 방식으로 가공된 코코아 파우더를 사용하면 초콜릿 맛이 더 진하게 느껴지고, 천연 코코아 파우더를 넣으면 가볍고 상큼한 풍미를 느낄 수 있다.

'마시는 초콜릿'으로도 불리는 **핫초콜릿**hot chocolate은 정말로 초콜릿으로 만든다. 즉 뜨거운 우유나 크림, 물에 초콜릿을 잘게 잘라서 또는 얇게 깎아서 넣는다. 핫코코아보다 맛이 진하고 풍미가 강하며 보통 단맛이 덜 하다. 핫초콜릿의 역사는 2500년에서 3000년에 이른다. 마야인들은 다 자란 코코아 열매와 고추로 음료를 만들어서 마셨다고 전해진다. 잘게 빻은 아르볼 고추 또는 카옌페퍼를 한번 넣어보면 큰 깨달음을 얻게 될 것이다.

치즈와 유제품

CHEESE & DAIRY PRODUCTS

모차렐라 vs 스트라치아텔라 vs 부라타

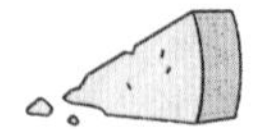

모차렐라mozzarella는 소의 젖으로 만든 생 치즈다. '버펄로 모차렐라'는 물소의 젖으로 만든다. 만드는 방법은 먼저 젖을 짜서 응유와 유장을 분리한 후, 응유의 물기를 제거하고 얇게 썰어서 수온을 섭씨 82~85도로 맞춘 수조에 담가둔다. 이렇게 굳힌 응유를 쭉쭉 길게 늘어나도록 반죽처럼 치댄 다음 표면이 매끈한 공 모양으로 둥글게 뭉치면 완성이다.

스트라치아텔라stracciatella는 생 모차렐라를 신선한 크림에 담가서 만든다. 완전한 고체도 아니지만 그렇다고 액체도 아닌 이 치즈는 새로 개업한 음식점에서 토스트 한 쪽에 바르기만 한 음식을 무려 13달러쯤 받고 당당히 판매할 만큼 고급스러운 맛을 낸다.

부라타burrata는 모차렐라 덩어리에 스트라치아텔라를 채워 넣은 치즈다. 겉은 단단하지만 잘라보면 속에서 모차렐라와 크림이 흘러나온다. 카프레제 샐러드를 만들 때 부라타를 한번 써보면 두 번 다시 다른 치즈는 쓸 수 없을 것이다.

파르미지아노 레지아노 vs 파르메산 치즈

미국은 전구, 전화, 비행기, 캔디콘candy corn(북미에서 핼러윈에 많이 먹는 원뿔 모양의 작은 사탕. 주로 진한 주황색과 흰색, 노란색이 섞여 있다—옮긴이)까지 획기적인 발명품이 무수히 탄생한 나라다. 그래서 미국인들은 참 무언가를 잘 만든다는 생각이 들지만, 동시에 무언가를 망치는 능력도 탁월하다. 그 대표적인 예가 파르메산 치즈다.

'파르메산'은 소의 젖으로 만드는 이탈리아 치즈인 **파르미지아노 레지아노**parmigiano-reggiano의 영어식 표현이다. 파르미지아노 레지아노는 '원산지 표시 보호Denominazione di Origine Protetta(DOP)' 제도의 보호를 받는 식품으로, 거의 완벽에 가까워서 '치즈의 왕'으로도 알려져 있다. 짭짤하면서도 감칠맛과 단맛이 느껴지고 잘 부스러진다. 또 씹히는 맛이 느껴지면서도 굉장히 가볍다. 먹어보면 느껴지는 감각이 너무나 복합적이라, 한 입 먹고 비장하게 먼 곳을 가만히 응시하며 음미하다가 누가 다가와서 괜찮으냐고 물어보면 그제야 정신을 차리게 되는 그런 맛이다. '파르미지아노 레지아노'라는 명칭은 유럽연합의 규정에 따라 다음 기준을 충족해야만 쓸 수 있도록 엄격히 관리된다.

1. 이탈리아 파르마, 레조넬에밀리아, 모데나, 볼로냐, 만토바에서만 생산할 수 있다.

2. 소의 젖, 소금, 레닛(소의 장에서 분비되는 효소. 치즈를 만들 때 우유 응고를 돕는다)만 사용해서 만들어야 한다.

3. 원료 중 소의 젖은 바로 전날 저녁에 만든 탈지유와 생산 당일에 짠 전유를 함께 사용해야 한다.

4. 원료로 쓰이는 젖은 파르미지아노 레지아노 생산 지역과 동일한 지역의 소에서 짜야 하며, 해당 소에 제공되는 먹이는 건조량 기준 건초가 최소 50퍼센트 포함되어야 한다. 또한 건초의 최소 75퍼센트는 경계가 명확히 정해진 지역에서 생산되어야 하며, 소가 태어나고 자란 농장과 동일한 지역에서 생산된 건초가 그중에 최소 50퍼센트 포함되어야 한다.

5. 파르미지아노 레지아노는 무게가 30~40킬로그램인 큰 원형(휠 형태)으로 만들어서 최소 1년 이상 숙성해야 한다.

6. 휠 껍질에는 생산지의 명칭과 생산 일자, 원산지 표시 보호 직인이 찍혀 있어야 한다. 숙성 기간이 18개월, 24개월, 36개월인 치즈에는 각각 특별한 직인이 찍힌다.

위의 요건과 더불어 파르미지아노 레지아노 치즈를 관리하는 협력단이 12개월의 숙성 기간을 채운 휠을 전부 직접 조사하고, 시장에 판매할 만한 품질인지 승인하는 절차를 거친다.

미국에서 제품 라벨에 '**파르메산**Parmesan'이라고 적힌 치즈는 소에서 짠 젖이라면 무엇이든 사용해서 만든다. 미국 식품의약국이 정한 기준에 따르면 "껍질이 단단하지만 잘 부스러지고" "과립처럼 분리되는 식감"에 "쉽게 갈리는" 특징이 있으며, 수분 함량은 32퍼센트 이하인 치즈가 파르메산에 해당한다. 휠의 크기에 관한 규정은 없으므로 생산자들은 건조 시간을 줄이기 위해 4.5~9.1킬로그램 정도로 파르미지아노 레지아노보다 작게 만든다. 숙성 기간도 따로 정해져 있지 않으므로 생산자는 수분 함량이 원하는 수준에 이를 때까지 언제까지고 걸어두었다가 판매점으로 넘길 수 있다.

'잘게 간 파르메산 치즈 100퍼센트'라고 떡하니 적힌 제품은 더 최악이다. 일단 이런 제품에는 치즈만 100퍼센트 들어 있지 않으며, 내용물이 굳지 않도록 목재 펄프에서 얻은 셀룰로스가 첨가된다. 셀룰로스의 '허용' 함량은 2~4퍼센트지만, 2016년에 블룸버그 뉴스는 일반적으로 판매되는 파르메산 치즈 제품에 셀룰로스가 최대 8.8퍼센트까지 들어간다고 보도했다(당시 기사 제목이 굉장히 인상적이었다. 「펜네 파스타에 솔솔 뿌린 파르메산 치즈, 알고 보면 나무일 수도 있다」).

괜찮은 치즈를 찾는다면 라벨에 '파르미지아노 레지아노'라고 적힌 제품을 찾아보자. 미국에서 소위 '치즈'를 만든다는 업자들이 절대 마음대로 바꿔서 쓸 수 없는 명칭이다. 파르메산 치즈보다 더 비쌀 수도 있지만, 이제 왜 그런지 이유를 확실하게 알았으리라 생각한다.

농축 우유 vs 연유

당연한 소리지만 연유와 농축 우유는 둘 다 생우유로 만든다. 진공 환경에서 생유의 수분을 60퍼센트 정도 증발시켜서 단백질, 지방, 당 성분을 농축하는 것도 공통점이다.

이렇게 만든 **농축 우유**evaporated milk를 캔에 담아 부패하지 않도록 열을 가하면 무가당 연유가 된다. 이 살균 과정을 거치면 유당의 일부에서 캐러멜화 반응이 일어나므로, 최종 제품에서는 견과류의 향이 살짝 느껴지고 색깔도 옅은 베이지색 또는 아이보리색이 된다. 그런데 왜 일반 우유를 두고 농축한 우유가 필요할까? 요리 전문가이자 요리책 저자인 에린 맥다월은 "베이킹을 할 때 캔 포장된 농축 우유를 사용하면 음식의 수분량을 줄일 수 있다"라고 설명한다. 또한 맥다월에 따르면 "농축 우유를 넣으면 음식이 크림처럼 더 부드러워지고 농도가 진해진다." 아이스크림을 만드는 원리와도 같다. 얼리는 재료에 물이 덜 들어갈수록 얼음이 되는 부분이 줄고 그만큼 부드럽고 진한 아이스크림이 된다.

농축 우유에 설탕을 엄청나게 넣은 것이 **연유**condensed milk다. 연유 한 캔에는 무가당 연유 한 캔에 설탕이 최대 2컵하고도 3분의 1컵까지 들어 있다. 설탕을 이만큼 넣으면 점도가 아주 높아지고 단맛이 시럽에 버금갈 만큼 어마어마하게 강해진다. 설탕이 다량 들어간 것만으로도 세균 증식을 막을 수 있으므로 가열 살균은 거치지 않는다. 연유는 보통 간식류를 만들 때 사용하며, 더 졸여서 둘세 데 레체로 만들기도 하고(262쪽 참고), 사탕이나 퍼지의 기본 재료로도 쓴다. 산성 재료(레몬즙이나 라임즙 따위)와 섞어서 파이나 치즈케이크에 넣기도 한다.

사워크림 vs 크렘 프레슈

사워크림sour cream은 지방 함량이 약 20퍼센트이며, 크림과 젖산 발효에 사용되는 미생물을 섞어서 만든다. 이 미생물의 작용으로 뻑뻑해지고 신맛이 생긴다. 크림의 밀도를 높이기 위해 젤라틴이나 레닌과 같은 안정제를 넣기도 한다. 사워크림은 지방 함량이 적고 단백질 함량은 높아서 열을 가하거나 끓이면 분리된다. 따라서 차갑게 두거나 실온에서 사용하는 것이 가장 좋다. 뜨거운 음식에 넣을 때는 불을 끈 다음에 섞어야 한다. 지방을 제거하지 않은 우유로 만든 요구르트는 지방 함량이 약 10퍼센트이므로 급할 때는 사워크림 대신 이러한 요구르트를 써도 된다.

지방의 비중이 30퍼센트인 **크렘 프레슈**crème fraîche는 전통적으로 저온살균하지 않은 크림으로 만들며, 이 크림에 자연적으로 존재하는 미생물이 크림을 뻑뻑하게 만든다. 그러나 미국에서 판매되는 크림 제품은 반드시 저온살균을 해야 하므로, 필수 미생물이 포함된 발효 물질을 크림에 섞어서 크렘 프레슈를 만든다. 집에서도 직접 만들 수 있다. 헤비크림(유지방 함량이 아주 높은 크림. 미국에서는 유지방이 36퍼센트 이상이어야 헤비크림으로 판매할 수 있다—옮긴이)과 버터밀크를 섞어서 원하는 밀도가 될 때까지 실온에 두면 된다(8시간에서 24시간 정도). 우유에 있는 미생물이 당(젖당)을 젖산으로 만들면 혼합물의 수소이온농도가 낮아지면서 반갑지 않은 미생물이 설 곳은 사라진다.

크렘 프레슈는 사워크림보다 더 빽빽하고 맛이 진하며(지방 함량만 비교해봐도 알 수 있다) 톡 쏘는 신맛은 사워크림보다 약하다. 끓여도 분리되지 않으므로 수프나 소스에 사용하기에도 좋다. 아무것도 섞지 않고 그냥 한 스푼 푹 떠서 먹어도 맛있다.

아이스크림과 냉동 디저트

ICE CREAM & FROZEN DESSERTS

아이스크림 vs 젤라토 vs 프로즌 요구르트

아이스크림 브랜드 벤앤제리스의 '뉴욕 슈퍼 퍼지 청크New York Super Fudge Chunk'나 '초콜릿 피넛버터 스플릿Chocolate Peanut Butter Split'부터 그냥 평범한 순수 바닐라 아이스크림까지, 미국에서 판매되는 모든 **아이스크림**ice cream은 공통점이 있다. 미국 식품의약국의 기준에 따라 유지방(크림과 우유에 함유된 지방)이 10퍼센트 이상이어야 한다는 것이다. 일반 아이스크림 또는 '필라델피아 스타일'* 아이스크림은 크림과 우유와 설탕에 다양한 재료를 소량 첨가해서 만든다면, 프랑스식 또는 커스터드 아이스크림에는 달걀노른자가 들어간다(마찬가지로 일반 바닐라와 달리 프렌치 바닐라는 달걀노른자가 들어가서 노란색을 띤다). 둘 다 아이스크림의 고유한 단단함이 유지되는 섭씨 영하 17도에서 12도일 때 먹는다. 아이스크림 가게에서 일하는 사람들이 팔

* '형제처럼 친근한 도시'로 불리는 필라델피아는 한때 아이스크림으로 명성이 자자했다. 제임스 비어드는 《로스앤젤레스 타임스》에 기고한 글에서, 필라델피아가 미국의 수도였던 시절 조지 워싱턴 대통령의 만찬에 '얼린 크림iced creams'이 나온 적 있다고 전한다. 철제 볼에 얼음을 담고 그 위에 크림과 설탕, 달걀을 부어 섞은 음식이었다. 지금은 필라델피아식 아이스크림이라면 달걀이 들어가지 '않는' 것이 특징으로 여겨지니, 역사는 참 이상하게 흘러가기도 한다.

힘을 한껏 써야 하는 주된 이유다.

젤라토gelato는 이탈리아 법에 따라 유지방이 3.5퍼센트 이상 함유되어야 한다. 미국의 아이스크림 기준보다 훨씬 적은 양이다. 유지방 함량이 높을수록 재료 전체를 섞고 휘젓는 과정에서 공기가 더 많이 흡수되므로, 젤라토는 아이스크림보다 공기 함량이 적다. 그래서 먹어보면 맛이 더 진하고 풍부하다. 먹는 온도도 영하 12도에서 6도 사이로 더 높아서, 아이스크림보다 부드러운 식감에 윤기가 흐른다.

1970년대와 80년대에 큰 인기를 얻은 **프로즌 요구르트**frozen yogurt도 일반적인 아이스크림보다 유지방 함량이 훨씬 낮다. 또한 '저지방' 제품인지 '무지방' 제품인지에 따라 유지방 함량이 다르다. 프로즌 요구르트가 얼려진 상태를 유지할 수 있는 것은 옥수수 시럽이나 분유, 식물성 껌 등 각종 첨가물을 넣기 때문이다. 사실 요구르트는 거의 들어 있지 않다. 해럴드 맥기의 저서 『음식과 요리』에 따르면 일반적으로 프로즌 요구르트에 들어가는 유제품과 요구르트의 비율은 4:1 정도다. 또한 레시피에 따라 유산균 배양물이 전혀 사용되지 않아서 어떤 제품은 장 건강에 좋은 성분이 하나도 없다.

셔벗sherbert VS 셔벗sherbet VS 소르베

소르베sorbet는 과일, 물, 설탕을 아이스크림처럼 휘저어서 만든다. **셔벗**은 소르베에 우유나 크림을 조금 더한 것으로, 미국 농무부 규정에 따라 유지방 함량이 1~2퍼센트여야 한다.

그럼 철자가 미세하게 다른 **셔벗**sherbet과 **셔벗**sherbert은? 같은 음식이다. '마시다'라는 뜻을 가진 아랍어 'sharba'가 터키어 'şerbet'와 페르시아어 'sharbat'으로 옮겨진 후 17세기 초 영국으로 전해지면서 철자가 제각기 다른 다양한 버전이 나왔다. 그중에 오늘날까지 남은 것이 'sherbet'과 'sherbert'이다.

18세기 말이 되자 'sherbet'이 정식 명칭으로 자리를 잡았지만 20세기에 'sherbert'의 작은 반격이 일어났다. 지금은 다시 'sherbet'이 일반적으로 쓰이는 가운데, 변형된 여러 버전 중에서는 'sherbert'이 가장 확실한 존재감을 유지하고 있다.

밀크셰이크 vs 프라페 vs 몰트 vs 플로트

밀크셰이크milkshake는 아이스크림에 우유, 향미료와 함께 보통 향이 가미된 시럽을 함께 섞어서 만든다. 뉴잉글랜드에서는 밀크셰이크를 **프라페**frappe라고 한다('프랍frap'이라고 발음한다). 뉴잉글랜드 사람들에게 밀크셰이크란 얼린 우유에 시럽을 섞은 음료다.

지역색이 담긴 또 다른 표현도 있다. 로드아일랜드와 매사추세츠의 특정 지역 사람들은 프라페를 '캐비닛'이라고 부른다. 이들 지역에서는 보통 프라페의 맛을 내기 위해 오토크랏Autocrat 브랜드 커피 시럽을 사용하는데, 왜 캐비닛이라는 이름이 붙여졌냐면… 그 커피 시럽을 주로 보관하는 곳이 캐비닛이기 때문이다. 솔직히 썩 창의적인 이름이라고 하기는 힘들다.

'몰티드'라고도 하는 음료 **몰트**malt는 밀크셰이크에 맥아유malted-milk 분말을 섞어서 우유의 풍미가 더 깊게 느껴진다. 맥아유 분말은 보통 발아 보리를 가마에 넣어 말린 다음 곱게 갈고 밀가루, 분유와 섞어서 만든다. 원래는 건강에 좋은 식이 보충제로 만들어졌지만 그 맛에 반한 사람들이 많아지면서 청량음료처럼 늘 구비해두는 식료품이 되었다.

청량음료 이야기가 나와서 말인데, **플로트**float는 탄산음료 위에 아이스크림을 한두 스푼 푹 떠서 띄운 음료다. 짜릿한 탄산과 반쯤 녹은 달콤한 아이스크림이 섞인, 액체와 고체의 중간쯤 되는 이 음료는 숟가락으로 떠먹는 것이 가장 좋다. 루트비어에 바닐라 아이스크림을 올린 것이 정통적인 조합이지만, 내가 아끼는 친구 중 한 명은 스프라이트에 쿠키 앤드 크림 아이스크림을 올려서 먹곤 한다. 친구 때문에 어쩔 수 없이 하는 말이지만, 그렇게 먹으면 참 맛있을 거다.

감사의 말

이 책이 나오기까지 지난 몇 년 동안 좋은 아이디어를 제공해주신 모든 분께 특별한 감사 인사를 전한다: 사바스 아부아바라, 브리 아르디티, 수지 벨, 제나 버거, 메리언 불, 한나 클라크, 미첼 커브, 존 데버리, 아리 드와이어, 맥스 팔코비츠, 벤 플라이시먼, 리사 가보, 조던 자릴리 그린, 로스 그린, 제이크 그린버그, 샘 그린버그, 마이클 호프먼, 마이클 아이라, 세라 잠펠, 파멜라 셸던 존스, 아리엘 존슨, 카렌 쾨펠, 벤 레펠, 알리 레티카 크리겔, 닉 레티카, 페기 로프터스, 헬렌 맥스먼, 카일리 폭스 맥도널드, 에즈라 매카버, 자레드 모스코, 힐랜드 머피, 데이비드 플로츠, 알렉스 리브킨, 벤 로스, 알렉스 세이터, 어맨다 슐먼, 제시카 스키퍼, 릴리 스타벅, 에비 스트로프, 사리트 톨지스, 제프 워쇼, 새미 워쇼, 셰리 워쇼, 비비언 이프, 줄리 주커브로드.

뉴스레터 「뭐가 다를까?」의 멋진 구독자들이 없었다면 이 책도 나오지 못했을 것이다. 우리가 쓴 글을 읽고, 아이디어를 제시하고, 늘 열정적으로 참여해주신 분들께 감사드린다. 특히 이런 요상한 아이디어를 지금 여러분이 들고 있는 이 책으로 바꿔준 킴 위더스푼과 카렌 리날디, 레베카 래스킨께 큰 감사를 드린다. 글에 생명을 불어넣어준 소피아 포스터 디미노, 지혜를 나눠주신 에린 맥다월과 짐 미한, 저스틴 케네디를 비롯한 여러 전문가께 감사 인사를 전한다. 애플에서 함께 일한 동료들, 특히 케이트 스트로프, 매기 데이 브리

토와 루스 스펜서는 매일매일 내가 좀 더 나은 작가이자 편집자가 되도록 힘을 주었다. 그리고 이 책을 쓰는 동안 멀쩡한 정신을 유지할 수 있게 도와준 소중한 친구들, 이름을 다 쓰지는 못하겠지만 브리 아르디티, 제나 버거, 메리언 불, 제나 더먼, 조던 자릴리 그린, 마이클 아이라, 알리 레티카 크리겔, 레베카 팔코빅스에게도 감사한 마음을 전한다. 「뭐가 다를까?」의 열혈 팬이던, 지금은 세상을 떠난 내 멋진 친구 제이슨 폴란과 늘 흔들림 없이 응원해준 가족들, 그리고 내가 이 책을 만들 수 있도록 힘을 주고 지지해준 자레드에게도 감사드린다.

참고자료

Beranbaum, Rose Levy. "The Best Flour for Baking Bread—and How to Use It." Epicurious, August 31, 2016, https://www.epicurious.com/expert-advice/bread-ingredients-guide-to-flours-for-homemade-dough-article.

Beranbaum, Rose Levy. *The Baking Bible*. New York: Houghton Mifflin Harcourt, 2014.

Bittman, Mark. *How to Bake Everything: Simple Recipes for the Best Baking*. New York: Houghton Mifflin Harcourt, 2016.

Boone, Rhoda. "Bone Broth vs. Stock: What's the Difference?" Epicurious, December 7, 2017, https://www.epicurious.com/ingredients/difference-stock-broth-bone-broth-article.

Bousel, Joshua. "Mustard Manual: Your Guide to Mustard Varieties." Serious Eats, August 10, 2018, https://www.seriouseats.com/2014/05/mustard-manual-guide-different-types-mustard-varieties-dijon-brown-spicy-yellow-hot-whole-grain.html.

The Cook's Illustrated Meat Book: The Game-Changing Guide That Teaches You How to Cook Meat and Poultry with 425 Bulletproof Recipes. Brookline, MA: America's Test Kitchen, 2014.

Dean, Sam. "The Origin of Hoagies, Grinders, Subs, Heroes, and Spuckies." *Bon Appétit*, February 1, 2013, https://www.bonappetit.com/test-kitchen/ingredients/article/the-origin-of-hoagies-grinders-subs-heroes-and-spuckies.

DeMichele, Kristina. "Different Types of Chocolate and How to Use Them." *Cook's Illustrated*, October 26, 2018, https://www.cooksillustrated.com/articles/1333-all-about-the-different-types-of-chocolate-and-how-to-use-them.

"Dinner vs. Supper: Is There a Difference?" Merriam-Webster, accessed July 23, 2020, https://www.merriam-webster.com/words-at-play/dinner-vs-supper-difference-history-meaning.

Draoulec, Pascale Le. "Who's Who in the Dining Room." *Los Angeles Times*, October 24, 2007, https://www.latimes.com/archives/la-xpm-2007-oct-24-fo-serviceside24-story.html.

Falkowitz, Max. "Is Aioli Really Just Mayonnaise?" TASTE, January 30, 2020, https://www.tastecooking.com/aioli-really-just-mayonnaise/.

Finger, Bobby. "Is Cold Brew Better Than Iced Coffee?" *New York Times*, July 2, 2019, https://www.nytimes.com/2019/07/02/style/self-care/cold-brew-iced-coffee-difference.html.

Foster, Kelli. "What's the Difference Between Broccoli, Broccolini, Broccoli Rabe, and Chinese Broccoli?" The Kitchn, January 7, 2016, https://www.thekitchn.com/whats-the-difference-between-broccoli-broccolini-broccoli-rabe-and-chinese-broccoli-227025.

Goldwyn, Meathead. "Barbecue History." BBQ & Grilling In Depth: Up Your Game with Tested Recipes, Science-Based Tips on Technique, Equipment Reviews, Community, June 21, 2020, https://amazingribs.com/barbecue-history-and-culture/barbecue-history.

Goldwyn, Meathead. "Benchmark Barbecue Sauces and How to Make Them." BBQ & Grilling In Depth: Up Your Game with Tested Recipes, Science-

Based Tips on Technique, Equipment Reviews, Community, December 30, 2019, https://amazingribs.com/tested-recipes/barbecue-sauce-recipes/benchmark-barbecue-sauces-how-make-them-and-how-buy-set-award.

Harbison, Martha. "What Is the Difference between a Lager and an Ale?" *Popular Science*, January 25, 2013, accessed August 12, 2020, https://www.popsci.com/science/article/2013-01/beersci-what-difference-between-lager-and-ale/.

Herbst, Sharon Tyler, and Ron Herbst. *The New Food Lover's Companion*. Hauppage, NY: Barron's Educational Series, Inc., 2013.

Hildebrand, Caz, and Jacob Kenedy. *The Geometry of Pasta*. Philadelphia, PA: Quirk Books, 2010. 제이콥 케네디, 카즈 힐드브란드, 차유진 옮김, 『파스타의 기하학: 완벽한 형태+완벽한 소스=』, 미메시스, 2011.

Jampel, Sarah. "Light Versus Dark Brown Sugar: What's the Deal?" *Bon Appétit*, May 28, 2020, https://www.bonappetit.com/story/light-versus-dark-brown-sugar.

Jampel, Sarah. "There Are 40,000 Types of Rice in the World—Here's How to Pick the One You Need." *Bon Appétit*, January 21, 2020, https://www.bonappetit.com/story/types-of-rice.

Jenkins, Nancy Harmon. "The Deep-Fried Truth About Ipswich Clams; No Matter the Source of the Harvest, the Secret to a Classic Seaside Meal May Be the Mud." *New York Times*, August 21, 2002, https://www.nytimes.com/2002/08/21/dining/deep-fried-truth-about-ipswich-clams-no-matter-source-harvest-secret-classic.html.

Joachim, David and Andrew Schloss. "The Science of Caramel." *Fine Cooking*, August 22, 2014, https://www.finecooking.com/article/the-science-ofcaramel.

Khong, Rachel. *All About Eggs: Everything We Know About the World's Most Important Food*. New York: Clarkson Potter, 2017.

Mancall-Bitel, Nicholas. "What Is Peat, Anyway?" Thrillist, October 7, 2016, https://www.thrillist.com/culture/what-is-peat-and-what-does-it-have-to-do-with-whisky.

McGee, Harold. *McGee on Food & Cooking: An Encyclopedia of Kitchen Science, History and Culture*. London, UK: Hodder & Stoughton, 2004. 해럴드 맥기, 이희건 옮김, 『음식과 요리: 세상 모든 음식에 대한 과학적 지식과 요리의 비결』, 이데아, 2017.

McKenna, Amy. "What's the Difference between Whiskey and Whisky? What About Scotch, Bourbon, and Rye?" Encyclopædia Britannica, accessed July 21, 2020, https://www.britannica.com/story/whats-the-difference-between-whiskey-and-whisky-what-about-scotch-bourbon-and-rye.

Meehan, Jim. *Meehan's Bartender Manual*. Berkeley, CA: Ten Speed Press, 2017.

Meister, Erin. "Coffee Drinks: A Visual Glossary." Serious Eats, accessed July 22, 2020, https://drinks.seriouseats.com/2012/06/coffee-comparison-a-visual-glossary-of-some-common-drinks-slideshow.html.

Morthland, John. "A Plague of Pigs in Texas." Smithsonian.com, January 1, 2011, https://www.smithsonianmag.com/science-nature/a-plague-of-pigs-in-texas-73769069/.

Moskin, Julia. "Basic Knife Skills." *New York Times*, accessed July 23, 2020, https://cooking.nytimes.com/guides/23-basic-knife-skills.

Mulvany, Lydia. "The Parmesan Cheese You Sprinkle on Your Penne Could

Be Wood." Bloomberg, February 16, 2016, https://www.bloomberg.com/news/articles/2016-02-16/the-parmesan-cheese-you-sprinkle-on-your-penne-could-be-wood?sref=rsBIQ6iD.

Nosrat, Samin. *Salt, Fat, Acid, Heat: Mastering the Elements of Good Cooking.* New York: Simon & Schuster, 2017. 사민 노스랏, 제효영 옮김, 『소금, 지방, 산, 열』, 세미콜론, 2020.

Parks, Stella. "Skip Dulce de Leche: Cajeta Is All You Need." Serious Eats, February 5, 2019, https://www.seriouseats.com/2016/04/how-to-make-goats-milk-cajeta.html.

Parsons, Russ. "Aspiration: Asparation." *Los Angeles Times*, March 18, 1998, https://www.latimes.com/archives/la-xpm-1998-mar-18-fo-29958-story.html.

Prakash, Sheela. "How to Make Your Own Superfine, Powdered, and Brown Sugars." Epicurious, November 2, 2016, https://www.epicurious.com/expert-advice/how-to-make-your-own-superfine-powdered-and-brown-sugars-article.

Prouse, Margaret. "Understanding Canapés, Hors d'Oeuvres." *Guardian*, November 30, 2016, https://www.theguardian.pe.ca/news/provincial/margaret-prouse-understanding-canapes-hors-doeuvres-112667/.

Rolland, Jacques L. *The Cook's Essential Kitchen Dictionary: A Complete Culinary Resource*. Toronto: Robert Rose Inc., 2014.

Ruggeri, Amanda. "Italy's Practically Perfect Food." BBC, January 28, 2019, http://www.bbc.com/travel/story/20190127-italys-practically-perfect-food.

Saffitz, Claire. "Baking Powder vs. Baking Soda: What's the Difference?"

Bon Appétit, July 25, 2017, https://www.bonappetit.com/story/baking-powder-vs-baking-soda-difference.

Samadzadeh, Nozlee. "Down & Dirty: Summer Squash." Food52, August 10, 2012, https://food52.com/blog/4196-down-dirty-summer-squash.

"Sherbet vs. Sherbert: What's the Scoop?" Merriam-Webster, n.d., https://www.merriam-webster.com/words-at-play/sherbet-vs-sherbert.

Teclemariam, Tammie. "What You Need to Know About Cognac vs Armagnac." *Wine Enthusiast*, October 18, 2019, https://www.winemag.com/2019/10/17/cognac-armagnac-guide/.

Waters, Alice L. *Chez Panisse Vegetables*. New York: William Morrow Cookbooks, 2014.

Wilson, Joy. "Baking 101: Natural vs Dutch-Processed Cocoa Powder." *Joy the Baker*, October 10, 2013, https://joythebaker.com/2013/10/baking-101-natural-vs-dutch-processed-cocoa-powder/.

Zanini De Vita, Oretta. *Encyclopedia of Pasta*. Translated by Maureen B. Fant. Berkeley: University of California Press, 2009.

Zimberoff, Larissa. "Where to Buy Legal Beluga Caviar in USA: Sturgeon Aquafarms, Huso." Bloomberg, June 26, 2019, https://www.bloomberg.com/news/articles/2019-06-26/where-to-buy-legal-beluga-caviar-in-usa-sturgeon-aquafarms-huso.

찾아보기

ㄹ

ㅁ

ㅂ

ㅅ

ㅇ

지은이 브렛 워쇼Brette Warshaw

뉴욕에 사는 작가다. '애플 뉴스Apple News'의 편집자로 일하면서 음식 잡지 《러키 피치Lucky Peach》와 웹사이트 '푸드52Food52'의 발행 업무도 맡고 있다. 시간이 남으면 저녁에 파티를 열거나 식료품 저장실을 정리한다.

옮긴이 제효영

성균관대학교 유전공학과와 동 대학 번역대학원을 졸업했다. 『몸은 기억한다』, 『식욕의 과학』, 『비만코드』, 『소금, 지방, 산, 열』 등 40종이 넘는 책을 옮겼다.

미식가의 디테일

| 무엇이 다를까? 비슷비슷 헷갈리는 것들의 한 끗 차이 |

펴낸날 초판 1쇄 2022년 7월 4일
초판 2쇄 2022년 10월 29일

지은이 브렛 워쇼

옮긴이 제효영

펴낸이 이주애, 홍영완

편집장 최혜리

편집1팀 강민우, 양혜영, 문주영

편집 박효주, 유승재, 박주희, 홍은비, 장종철, 김혜원, 김하영, 이정미

디자인 김주연, 박아형, 기조숙, 윤소정, 윤신혜

마케팅 김미소, 정혜인, 김태윤, 김예인, 김지윤, 최혜빈

해외기획 정미현

경영지원 박소현

펴낸곳 (주)윌북 **출판등록** 제2006-000017호

주소 10881 경기도 파주시 회동길 337-20

전화 031-955-3777 **팩스** 031-955-3778

홈페이지 willbookspub.com **전자우편** willbooks@naver.com

블로그 blog.naver.com/willbooks **포스트** post.naver.com/willbooks

페이스북 @willbooks **트위터** @onwillbooks **인스타그램** @willbooks_pub

ISBN 979-11-5581-489-5 (03590)

- 책값은 뒤표지에 있습니다.
- 잘못 만들어진 책은 구입하신 서점에서 바꿔드립니다.